MERCEDES-BENZ LASTWAGEN

Tim Cole

BECHTERMÜNZ VERLAG

MERCEDES-BENZ LASTWAGEN

Tim Cole

Impressum

Bildnachweis: Alle Abbildungen stammen aus dem DaimlerChrysler Konzernarchiv

Bechtermünz Verlag

Einbandgestaltung: Gestaltungsbüro Thomas Uhlig, Augsburg
Umschlagfotos: DaimlerChrysler Konzernarchiv
Gesamtherstellung: Druckerei Appl, Wemding

Gedruckt auf chlorfrei gebleichtem Papier.

Printed in Gemany

ISBN 3-8289-5350-6

Inhalt

Daimler-Motoren-Gesellschaft Can

tatt.

Der Laster Anfang 1896–1914

Der Laster Anfang – diese doppelsinnige Bedeutung erinnert viele Leser zunächst an überfüllte Autobahnen mit lärmenden, schleichenden, stinkenden und rußenden Lastwagenkolonnen. Sie empfinden es als Last und übersehen dabei gerne, daß ihnen Last abgenommen wird. So ist es auch nicht das Laster als tadelnswerte Gewohnheit, dessen Beginn hier geschildert werden soll, sondern die Anfänge des Lasters, wie der Lastwagen im Deutschen abgekürzt gerne und häufig bezeichnet wird. War es denn vor hundert Jahren wirklich so idyllisch, als es noch keine „Laster“ oder Lkw, wie man heute noch kürzer sagt, gab? Und Lastenträger sind, das sei nicht vergessen, auch jene wenig martialischen Vehikel, deren Ursprung oft eher beim Personenwagen zu suchen ist. Nach aktuellen Begriffen sind sie eher dem Lieferwagen oder, heute eher üblich, dem Transporter zuzuordnen.
Die industrielle Revolution mit ihren immer billiger produzierten Massengütern benötigte neue, größere Märkte. Im Binnenbereich schuf das 1871 gegründete Deutsche Reich mit seinen wegfallenden Zollschranken der einzelnen, manchmal winzig kleinen Herrschaftsgebil-

Benz „Lieferungswagen“ von 1896 mit Einzylinder-2,75 PS-Motor und 300 kg Nutzlast

Daimler „Geschäftswagen" von 1898 mit Zweizylinder-6 PS-Motor und 1200 kg Nutzlast

den die notwendigen Voraussetzungen, soweit nicht die ebenfalls prosperierenden Märkte in Europa oder Übersee infrage kamen. Der Faktor Geschwindigkeit in symbiotischer Verbindung mit den Faktoren Zeit und Kosten war es, der dem Automobil – und hier besonders seinem Ableger, dem Lastwagen – entscheidende Pluspunkte einbrachte. Fast ein halbes Jahrhundert bot die Bahn noch partielle Vorteile. Als sich das Automobil nach dem Zweiten Weltkrieg als Massenverkehrsmittel durchsetzen konnte, wurde auch eine entsprechende Verkehrsinfrastruktur mit dem Ausbau des Straßen- und Autobahnnetzes geschaffen. Die Faktoren Geschwindigkeit, Flexibilität und Pünktlichkeit des Gütertransports mit Lastwagen konnten sich erst jetzt richtig entfalten und zur heute führenden Stellung des Nutzfahrzeugs unter den konkurrierenden Transportleistungs-Anbietern der Schiene und Wasserstrasse führen.

Die schmerzlichen Intermezzi der beiden Weltkriege brachten einerseits technische Fortschritte, hemmten aber andererseits die Vervollkommnung automobiler Neuentwicklungen – 1916 der Kardanantrieb bei der DMG oder die Dieselmotorentwicklung, begonnen 1909 bei Benz sowie 1911 bei der DMG. Auf der anderen Seite führten aber in Deutschland nach dem Ersten Weltkrieg Rohstoffmangel, Überkapazitäten und Inflation die Entwicklung und Produktion zum Erliegen. Nach dem Zweiten Weltkrieg waren es die Zerstörung der Verkehrsinfrastruktur und Produktionsstätten, Demontagen, Exportverbote, einschränkende Auflagen der Siegermächte, der Verlust bedeutender Wirtschaftsräume durch die Teilung Deutschlands und Europas sowie die allgemeine wirtschaftliche Not, welche eine sofortige Blüte zunächst verhinderten.

Am Ende des letzten Jahrhunderts wurde der Güterverkehr über große Distanzen durch die Eisenbahn oder auf dem Fluß- oder Seeweg durchgeführt. Der Verteilerverkehr vor Ort – speziell in den geradezu explodierenden Ballungsräumen der entstehenden oder schon bestehenden Großstädte im Deutschen Reich wie z. B. Berlin oder Hamburg, dem sich rasch ausdehnenden Ruhrgebiet von Duisburg über Essen bis Dortmund oder dem oberschle-

Der „Lieferungswagen“ (Marienfelde), 3 Tonner mit 28 PS und Ritzelantrieb

sischen Industriegebiet – wurde mit Pferdefuhrwerken durchgeführt. Über den Lärm der knallenden Peitschen der Fuhrleute, der Hufe dieser von belgischen Kaltblütern gezogenen Brauerei- und Speditionsfuhrwerke, die mit ihren Eisenreifen über Kopfsteinpflaster holperten, und die Umweltfreundlichkeit der sich auf die Straße ergießenden Ausscheidungen der damaligen Zugmittel, nämlich der Pferde, machen sich heutige Betrachter keine Vorstellung mehr.

Bolles Milchfuhrwerke und Schultheiss' Bierwagen sorgten im Berlin jener Jahre nicht nur für den Nachschub an Getränken, sondern auch für die unvermeidbare Geräuschkulisse. Großstadtleben war damals oft nicht weniger aufreibend und nervtötend als heute, nur auf eine andere Art. Es ist deshalb auch kein Wunder, daß der Anteil der Brauereien bei den zugelassenen Lkw 43 Prozent betrug. Der Anteil des Warentransports mit Lastwagen lag demgegenüber nur bei bescheidenen 23 Prozent, während relativ beachtliche sieben Prozent auf Mühlen und Ziegeleien entfielen.

Retrospektiv gesehen war die „Erfindung“ des Nutzfahrzeugs eine zwangsläufige Entwicklung. Wesentliche Komponenten waren bereits erfunden. Der Ottomotor erblickte in den siebziger Jahren des letzten Jahrhunderts das Licht der Welt. Schon 1784 hatte James Watt ein Patent auf ein Wechselgetriebe mit Klauenkupplungen erhalten. 1821 erfand Griffith das Schieberad-Wechselgetriebe, 1834 Bodmer die Planetenradübersetzung, 1849 Anderson das Riemen-Wechselgetriebe.

Die Erfindung des Automobils durch Karl Benz und Gottlieb Daimler mit Wilhelm Maybach läutete eine Wende ein. Eine Wende, die sich nicht explosionsartig vollzog, sondern eher einen gemächlichen Weg beschritt, und das besonders im Deutschen Reich. Zeigten sich beim normalen Automobil, dem Personenwagen, schon Länder wie Frankreich und England besonders aufgeschlossen, so war es beim Lastwagen noch ausgeprägter. Leyland in England warb 1913 damit, daß die Kosten pro Tonnenmeile bei Fuhrwerken sechsmal höher seien als beim Einsatz von Lastwagen.

Doch das verdroß die beiden süddeutschen Automobilfabrikanten Benz & Cie. und die Daimler-Motoren-Gesellschaft nicht sonderlich. Beharrlich, wie sie schon voher ihren Weg gegangen waren, beschritten sie ihn auch beim Nutzfahrzeug. Allerdings verlief er nicht ganz so zeitgleich wie beim „Automobil“ zehn Jahre zuvor, und zudem auch mit anderer Zielsetzung, was die Benutzergruppen betraf.

1895 baute Karl Benz seinen ersten Lastwagen. Die mangelnde Resonanz führte dazu, daß dieses Experimentiermodell noch im selben Jahr verschrottet wurde. Mehr Glück hatte er dagegen ein Jahr später mit dem Einstieg in die leichte Klasse, heute würde man sie Transporter nennen. Auf das erste in Großserie gebaute Automobil der Welt, das Benz Velo, setzte Karl Benz einen abnehmbaren Kasten und nannte das Gefährt einen „Combinations-Lieferungswagen“. Bekannt ist das Foto eines solchen Fahrzeugs für einen katholischen Verlag in Beuthen (Oberschlesien) – damals zum Deutschen Reich, heute zu Polen gehörend – das auf der einen Seite des Kastens deutsch, auf der anderen Seite polnisch beschriftet war und damals schon die freie Fläche für Werbung nutzte. 300 Kilo einschließlich Fahrer betrug die bescheidene Nutzlast des filigranen Gefährts, das somit als Urahn späterer Lieferwagen gelten kann.

Das zweite, stärkere Modell, im selben Jahr offeriert, nannte Benz einen „Lieferungswagen“. Mit einer zulässigen Belastung von bis zu 600 Kilo einschließlich Fahrer baute dieses Fahrzeug auf dem Benz Phaeton auf. Ein Pariser Kaufhaus war einer der ersten Kunden, der sich der neuen Dienstleistungsmöglichkeit bediente. Die Resonanz auf diese für den rauhen Transportalltag recht zierlichen Fahrzeuge war vor allem im Ausland so groß, daß für den englischen Markt 100 Fahrzeuge dieser Kategorie vorgesehen waren. Diese beiden Transportermodelle besaßen die damals übliche Bauweise des Heckmotors und des Kettenritzelantriebs.

Bei Daimler verlief die Entwicklung ähnlich. Im Gegensatz zu Benz lag bei den Schwaben der Schwerpunkt eher im Bereich des Lastwagens. Schon 1892 bot die Daimler-Motoren-Gesellschaft (DMG) dem preußischen Heeresministerium für die Mobilisierung des Heeres einen „Lastwagen mit Motorantieb“ an. Er fand noch keine Resonanz. 1896 offerierte Daimler ein Programm vier verschiedener Motorstärken mit 4, 6, 8 und 10 PS. Die Nutzlasten lagen zwischen 1,2 und 5 Tonnen. Diese aus heutiger Sicht archaischen Gefährte hatten einen Heckmotor, teilweise noch Riemenantrieb und waren mit Eisenreifen bestückt. Sie erreichten die bescheidenen Geschwindigkeiten zwischen 3 und 12 km/h.

Daimler (Marienfelde), 3 Tonner mit 28 PS und Ritzelantrieb

Einen wesentlichen Einfluß auf die internationale Verbreitung hatten die Tochtergesellschaften bzw. die Kooperationspartner der beiden süddeutschen Automobilbauer im aufgeschlosseneren Ausland. Es waren besonders die Motorenlieferungen bzw. Lizenzfertigungen von Benz und Daimler, welche für einen bescheidenen Erfolg sorgten. Benz hatte sich zu Beginn der neunziger Jahre nämlich schon Platz zwei hinter der Motorenfabrik Deutz als Motorenlieferant für Otto-Motoren gesichert. Die 1896 von einem Benz-Vertreter gegründete „Anglo-French-Motor Carriage Co. Ltd." kurbelte erfolgreich den Absatz der Benzschen Produkte in England an. Bei der DMG war es die „Daimler-Motor-Company Ltd." in Coventry, die für den Erfolg sorgte. Bis zur Jahrhundertwende vollzog sich also der Siegeszug des benzingetriebenen Lastwagens in Trippelschritten. Während um die Jahrhundertwende die Resonanz auf die neuartigen Transportesel noch äußerst bescheiden war, begann in Frankreich und England erfolgreich der Verdrängungswettbewerb gegenüber der starken Fraktion der Dampfwagen.

Die Jahrhundertwende bedeutete in der Entwicklung des Nutzfahrzeugs eine Zäsur. Allmählich ging es aufwärts. Bedeutende Hersteller entstanden damals, aber auch Zusammenschlüsse und Übernahmen fanden bereits statt. Die Motorlastwagen AG – MULAG – übernahm Scheibler in Aachen. Dürkopp in Bielefeld legte sich eine Berliner Dependance durch die Übernahme der Oryx-Motorenwerke und der Berliner Motorwagenfabrik zu. 1913 übernahm Mannesmann die MULAG, ein Jahr später wurden in Bremen die Hansa-Lloyd Automobilwerke durch die Übernahme der Hansa Automobilwerke in Varel (Oldenburg) gegründet. Einige Namen wie Büssing, Hansa-LLoyd (später Borgward), Magirus, MAN, NAG, Opel Stoewer und Vomag sind teilweise auch heute noch ein Begriff. Gleichzeitig etablierte sich die Zubehörindustrie, ohne die die gesamte Nutzfahrzeug-Entwicklung nicht möglich gewesen wäre. Stellvertretend seien Namen wie Bosch, Bergische Stahlindustrie, Fichtel & Sachs, Georg Fischer, Hella, Kronprinz Reinz und Teves genannt.

Erster Daimler Lastwagen von 1896 mit 6 PS-Motor und 2500 kg Nutzlast

1901 wurden ganze 39 Nutzfahrzeuge hergestellt; 1903 140 Stück, 1906 352 Stück und 1910 rund 1000 Stück. Im Kriegsjahr 1914 bauten 14 Hersteller 2800 Lastwagen. Der Bestand im Deutschen Reich lag 1914 bei 9639 Lastwagen, fünf Jahre zuvor waren es erst 1543 Stück gewesen. Benz & Cie. baute zwischen 1908 und 1914 3990 Lastwagen. Diese aus heutiger Sicht bescheidenen Zahlen bedeuteten in jenen Jahren aber einen immensen Fortschritt. Er stellte die Hersteller – das Fließband war noch nicht erfunden – vor große Kapazitätsprobleme und erklärt u. a. auch die große Zahl an Herstellern. Benz und Daimler lösten ihre Kapazitätsprobleme zeitversetzt auf ähnliche Weise. Sie kauften bestehende Unternehmen auf und gliederten sie in ihren Firmenverbund ein. Interessant ist die Tatsache, daß die übernommenen Unternehmen zum Teil wesentlich älter waren als die neuen Muttergesellschaften. Aus Gründen der Übersichtlichkeit wird in diesem Buch die Entwicklung der Firmen Benz & Co. bzw. Benz & Cie. und der DMG mit ihren jeweiligen Dependancen in Gaggenau bzw. Berlin-Marienfelde getrennt behandelt.

BENZ & Cie.

In Mannheim wurden ab 1900 die Nutzfahrzeuge konzeptionell überarbeitet. Man nahm in Mannheim Abschied vom Heckmotor und plazierte das Antriebsaggregat über der Vorderachse. Dabei fand man bei der Gestaltung des Fahrerplatzes vor hundert Jahren in Mannheim bereits ein Konzept, das heute im Megaspace-Fahrerhaus der Schwerlastwagen-Baureihe Actros wieder entdeckt wurde und für großen Zuspruch sorgt: Es ist der ebene Fahrerhausboden bei vorne stehendem Motor ohne störenden Motortunnel. Sage da noch einer, es sei etwas in der Anfangszeit des Automobils noch nicht dagewesen! Der Kunde hatte die Wahl zwischen vier Motorleistungen und drei Nutzlastklassen. Der 1 1/4 Tonner verfügte über einen Einzylinder-Viertaktmotor mit 5 oder 7 PS Leistung. Das nächst größere Pendant wies eine Nutzlast von 2,5 Tonnen auf und wurde von einem Einzylindermotor mit 10 PS vorwärts bewegt. Die Krönung des Programms war ein 5-Tonner, der von einem Zweizylindermotor mit 14 PS Leistung angetrieben wurde. Seine Besonderheit war der „Contra-Motor". Hinter dieser Bezeichnung verbirgt sich nichts anderes als ein Boxermotor. Die Kraftübertragung erfolgte über Ketten an das hinten liegende Differential und von dort über Ritzel auf die Hinterräder mit Eisen- oder Vollgummibereifung.

1907 erfolgte eine Neuorientierung der Fahrzeugproduktion bei Benz & Cie. Durch die Vermittlung der Rheinischen Kreditbank in Mannheim wurde ein Interessenvertrag zwischen Benz und und der Süddeutschen Automobilfabrik Gaggenau (Kurzform S.A.F. oder S.A.G.) geschlossen. Ziel war die Verlegung und Konzentration der Nutzfahrzeugproduktion in Gaggenau. Dafür gab Gaggenau die Produktion von Personenwagen auf, in Mannheim wurden bis in die 30er Jahre keine Nutzfahrzeuge mehr gebaut. Ab 1911 firmierte Gaggenau als Benz-Werke Gaggenau, das Vermögen von Gaggenau war auf die Benz & Cie. übertragen worden. Das war das Ende der Selbstständigkeit der bis auf das Jahr 1680 zurückreichenden Geschichte des Werkes Gaggenau.
1908 lieferte die SAG ein umfangreiches Programm an Lieferungs-Lastwagen und Omnibussen. Die kleine Fraktion der Lieferungswagen deckte den Nutzlastbereich von 0,5 bis 1,5 Tonnen Nutzlast ab. Zur Auswahl standen drei Motorengrößen, ein 12/14 PS-Zweizylindermotor und zwei Vierzylindermotoren mit 18 PS oder 28 PS. Darüberhinaus hatte der Kunde die Wahl zwischen dem Kardanantrieb, diese Modelle führten ein D in der Typenbezeichnung, und dem Kettenantrieb, diese Modelle waren durch den Buchstaben C gekennzeichnet. Die Lastwagen wurden zwischen 2 und 6 Tonnen Nutzlast angeboten. Angetrieben wurden diese „Brummer" von zwei zur Wahl stehenden Vierzylindermotoren mit 4 Litern Hubraum und 28–36 PS oder 5,3 Litern Hubraum und 36–46 PS. Bei der schweren Klasse kam ausschließlich Kettenantrieb zum Einsatz. Die Räder hatten immer Vollgummireifen.
Allmählich erwachte das Interesse der Militärs für den Lastwagen. Die Preußische und Bayerische Heeresleitung begann ab 1906, Zuschüsse beim Kauf militärtauglicher Lastwagen zu geben, unter der Voraussetzung, daß diese Lastwagen im Kriegsfall dem Militär zur Verfügung standen. Sie waren durch ihre spezifische Ausrüstung erheblich teuerer als handelsübliche Lastwagen. Ab 1908 betrug der Zuschuß für einen „Subventionszug" 4000 Mark, wobei noch einmal 1000 Mark Betriebskostenzuschuß pro Zug hinzukamen. Sechs Tonnen Nutzlast – vier Tonnen für den Zugwagen und zwei Tonnen für den Anhänger – waren vorgeschrieben. Hersteller dieser Fahrzeuge waren ab 1908 zunächst Benz-Gaggenau (SAG), DMG, Büssing, NAG, Ehrhardt und Stoewer. Bei der SAG waren aus dem Programm des Jahres 1908 der 4–5 Tonner und der 5–6 Tonner als Subventionstyp anerkannt. Benz lieferte auch Lastwagen niedrigerer Tonnageklassen für die Militärverwaltungen im Deutschen Reich.

Daimler-Motoren-Gesellschaft

Am 6. März 1900 starb Gottlieb Daimler. Am 29. Juli 1902 übernahm die DMG die Motorfahrzeug- und Motorenfabrik Berlin AG – MMB – und integrierte sie in die DMG als Werk Berlin-Marienfelde, in dem die Lastwagenproduktion konzentriert wurde. Die Nachfrage nach Lastwagen war im Deutschen Reich – im Gegensatz zum Ausland – eher kümmerlich. In diesem Zusammenhang ist interessant, daß Dunlop 1902 in England einen Daimler-Lastwagen kaufte und ihn mit Luftreifen, sogenannten Pneumatiks, wie man damals sagte, ausrüstete. Um das Geschäft auch in Deutschland anzukurbeln, führte die DMG 1901 einen Militärlastwagen mit einem Vierzylindermotor und Ritzelantrieb im Programm. Die Resonanz war immer noch gering.

In den Jahren zwischen 1899 und 1903 überschnitten sich zwangsläufig die Herstellungsprogramme der DMG und des neu hinzugekommenen Werks Marienfelde, der ehemaligen MMB. Die DMG offerierte ein fein abgestuftes Programm. Ausgangspunkt war der 1 1/4 bis 1,5 Tonner mit einem Zweizylindermotor mit 4 PS-Motor. Die nächst schwereren Lastwagen waren der 2 bis 2,5 Tonner mit 6 PS mit einem Zwei- oder Vierzylindermotor, der 3,5 Tonner mit 8 PS und Zwei- oder Vierzylindermotor, der 5 Tonner mit 10 und 12 PS, jeweils mit Zwei- oder Vierzylindermotoren.

Das ab 1903 einsetzende Marienfelder Programm war noch feiner abgestuft, um ja keinen Kunden an die Konkurrenz zu verlieren. Die Kunden konnten zwischen Eisen- und Vollgummireifen wählen, letztere gegen Aufpreis. Diese boten neben dem Geräusch- und Fahrkomfort je nach Modell eine zwei bis sechs Kilometer höhere Höchstgeschwindigkeit. Um nicht der Raserei bezichtigt zu werden: Die Höchstgeschwindigkeiten dieser Gefährte lagen damals im Bereich zwischen 14 und 18 km/h, und das war für die damaligen Straßenverhältnisse, die aus schlaglochübersäten Staubstraßen außerorts und in den Städten aus holprigem Kopfsteinpflaster bestanden, das äußerst Mögliche.

Die Fahrzeuge des Daimlerschen Lastwagenprogramms verfügten bis ca. 1905 ausschließlich über Ritzelantrieb. Der Kleinste war ein 1 bis 1,5 Tonner. Bei ihm konnte der erlauchte Kunde zwischen einem Zwei- und Vierzylindermotor mit 6 bis 9,5 PS bzw. mit 12 bis 18 PS wählen. In der nächst größeren Klasse ab 1,5 bis 2,5 Tonnen Nutzlast kam derselbe Zweizylindermotor zum Einbau. Das Modell mit dem Vierzylindermotor verfügte noch über eine halbe Tonne mehr Nutzlast. Das schwerste Modell mit einem Zweizylindermotor war ein 2,5 bis 3 Tonner. Ab 3 Tonnen bis 6 Tonnen Nutzlast wurden ausschließlich

Daimler (Marienfelde), Subventionslastzug mit 35 PS

Daimler (Marienfelde), 3,5 Tonner mit Ritzelantrieb

Vierzylindermotoren zwischen 12 und 25 PS eingebaut. Die Nutzlastabstufung erfolgte im Tonnenabstand.

Ab 1905 wurde in Marienfelde die Produktlücke nach unten geschlossen, die bis dahin eine Domäne des Erzrivalen Benz & Cie. gewesen war. Diese Lieferwagen mit 0,75 bis 1 Tonne Nutzlast wurden damals Geschäftswagen genannt und entsprechen dem heutigen Bild des Transporters. Sie hatten alle Kettenantrieb. Es gab fünf Typen, die mit Zwei- oder Vierzylindermotoren zwischen 8 und 16 PS geliefert werden konnten. Auf diesen Wagen bauten auch kleine Omnibusse auf, die vornehmlich von Hotels eingesetzt wurden. Diese Produktion lief etwa bis zum Ende des ersten Jahrzehnts.

1905 wurde der Kühler über die Vorderachsmitte nach vorne auf den Rahmenquerträger gesetzt, wodurch auch der Motor weiter vorne eingebaut werden konnte. Das ergab ein größere Nutzlänge. Das Programm verfügte aus heutiger Sicht vor dem Hintergrund bescheidener Stückzahlen über eine erschreckende Vielfalt. 1 1/2 Tonner Lastwagen konnten mit Motoren von 11, 14, 16 und 22 PS geliefert werden. Die ersten zwei Motoren waren Zweizylinder. Bei den 3 Tonnern sah es ähnlich aus. 14, 16, 22 und 28 PS Motoren standen zur Auswahl, der 14 PS-Motor als Zweizylinder. Die 5 und 6 Tonner waren ausschließlich mit Vierzylindermotoren in der Leistungsabstufung von 22, 28 und 35 PS lieferbar. Als Subventionstyp war der Typ DM 5 anerkannt, während der Typ DM 4c lediglich als kriegsbrauchbar eingestuft worden war. Die 1,5 bis 2,5 Tonner besaßen schon Kardanantrieb, die schwereren Kaliber waren mit Ritzelantrieb ausgerüstet.

In der Zentrale der DMG in Untertürkheim hatte man schmerzlich registriert, daß das Auslaufen der leichten Lastwagen aus Marienfelder Produktion im Jahre 1909 eine Marktlücke im Programm hinterlassen hatte, die es zu schließen galt. Also entwickelte man am Neckar eine Baureihe kleiner Lieferungswagen – so nannten sich die leichten Lastwagen damals – zwischen 0,5 bis 1,5 Tonnen Nutzlast. U 1/2 T und U 1 T hießen diese Leichtgewichte. Weil sich auf die leichten Lastenträger auch relativ einfach eine Karosserie mit Sitzen aufbauen ließ, wurden daraus auch Fahrzeuge für die Personenbeförderung abgeleitet. Die so entstandenen Omnibusse wurden – das hat sich bis heute nicht geändert – mit einem O in der Typenbezeichnung bedacht und hießen U O 1 T bzw. U O 2 T. Sie hatten einen Vierzylindermotor mit 2,1 Litern Hubraum und 25 PS bzw. 2,6 Litern Hubraum und 35 PS. Mit Höchstgeschwindigkeiten, die zwischen 35 und 40 km/h lagen, waren diese Fahrzeuge damals beachtliche Flitzer.

BENZWERKE
ACHTUNG!
LAST GLEICHMÄSSIG
VERTEILEN
EIGENGEWICHT 4275 Kg.
NUTZLAST 3000 Kg.
20 MANN
SAND
WERKZEUGE
ZUBEHÖR U.
ERSATZTEILE

Der Durchbruch zum Lastesel 1914–1918

Der Beginn des Ersten Weltkriegs wirkte sich auch auf die deutsche Nutzfahrzeugentwicklung fatal aus. Bis 1914 verlief die Entwicklung des Automobils international vernetzt. So erhielt die Reifenentwicklung, um nur ein Beispiel zu nennen, bedeutende Impulse durch Dunlop aus England und Michelin aus Frankreich. Bosch wiederum lieferte seine Produkte ebenso selbstverständlich nach Frankreich und England. Die Rationalisierung und Hebung des Qualitätsstandards wurde durch Fertigungsanlagen aus den USA, Frankreich und der Schweiz ermöglicht.

Nicht zu unterschätzen war die Exportabhängigkeit des deutsche Lastwagenbaus, die erhebliche Anregungen aus dem Ausland erhielt und sie aufgrund ihres technischen Vorsprungs und ihrer Flexibiltät auch in entsprechende Verkaufserfolge umsetzen konnte. Dieser Ausfall, der einsetzende Rohstoffmangel während des Krieges durch die Blockade wichtiger Rohstoffquellen, setzten der Entwicklung und schlußendlich auch der Produktion ein Ende.

Bei Benz kam die 1909 durch Prosper L'Orange und 1911 bei Daimler begonnene Dieselmotorentwicklung völlig zum Erliegen. Dafür war während des Krieges die Fantasie der Mangelwirtschaft gefragt. Ersatzmaterialien für ausbleibende Rohstoffe mußten entdeckt und gefunden werden. So kamen natürlich Luftreifen gar nicht erst zum Einsatz, die Vollgummiräder wurden durch die Ersatzkonstruktion einer Holz-/Eisenbereifung ersetzt

Benz (Gaggenau) Typ 3 als Militärlastwagen für 3 t Nutzlast

Daimler (Marienfelde) Ritzel-Lastwagen DR 5d mit Anhänger

und, als auch das noch zu aufwendig war, wurden wieder die archaisch anmutenden Eisenreifen verwendet.
Als Folge dieser Umstellung kam auch wieder der damals noch robustere Kettenantrieb verstärkt zum Einbau, der ursprünglich von der Heeresleitung wegen des hoch liegenden Differentials favorisiert worden war und der die Erschütterungen, hervorgerufen durch die Eisenbereifung, besser verkraftete. Teilweise wurden auch schon gebaute Kardanwagen auf Kettenantrieb umgerüstet. Aufgrund ihrer Schwerfälligkeit verschwanden auch bald die Lastzüge mit Anhänger. Einzelne Lastwagen waren beweglicher, schneller und besser einsetzbar. Gegen Ende des Krieges ersetzten auf deutscher Seite wieder verstärkt Pferdegespanne die Lastwagen. Sie benötigten keine kostbaren Rohstoffe wie die Lastwagen.
Aus dieser Entwicklung nun den Schluß zu ziehen, der Erste Weltkrieg habe den Lastwagenbau im Deutschen Reich, somit auch bei Benz und Daimler, zurückgeworfen, wäre natürlich ein Trugschluß. Waren im Deutschen

Benz 3K2 UMG mit Kettenantrieb System Bräuer

Reich 1913 lediglich 1850 Lastwagen produziert worden, lag die Produktion drei Jahre später bei 15 000 Lastwagen. In den vier Jahren zwischen 1914 und 1918 wurden im Deutschen Reich von 39 Herstellern 40 000 Lastwagen produziert. Allein Benz baute in Gaggenau zwischen 1915 und 1918 4933 Lastwagen. Das war gemessen am realen Bedarf des Heeres immer noch zu wenig, angesichts des sich ab 1916 bemerkbar machenden Rohstoffmangels aber das äußerst Mögliche.
Nach dem Waffenstillstand 1918 blieben noch ca. 9000 Lastwagen übrig. Das reichte für die am Boden liegende Wirtschaft zunächst völlig aus. Das Militär schied als Kunde aus und stellte die Hersteller vor völlig neue Aufgaben. Bei den Herstellern von Heeresfahrzeugen standen plötzlich unzählige fertige oder fast fertige Lastwagen auf Halde. Der Export diente dazu, einen vorübergehenden Ausgleich zu schaffen.
Aus heutiger Sicht verwundert die ungeheuere Typenvielfalt, die sowohl bei Benz als auch bei Daimler angeboten wurde, wenn auch der Schwerpunkt bei den „Regel 3- und 5 Tonnern“ lag. Unter dem AEG-Chef Emil von Rathenau, der als Kriegskommissar beauftragt worden war, die deutsche Wirtschaftsproduktion auf den Kriegsbedarf umzustellen, bauten zahlreiche Lastwagenfabriken einheitlich ausgerüstete Lastwagen, die sogenannten „Regel 3- und 5 Tonner“. Sie waren allerdings noch weit vom Entwicklungsstand in den USA im Zweiten Weltkrieg entfernt, als dort ein Typ in riesigen Stückzahlen von verschiedenen Herstellern gebaut wurde.

Ein besonderes Kapitel waren die Zugmaschinen. In der deutschen Armee herrschte ein ausgesprochener Mangel an brauchbaren Zugmaschinen. Hier waren nicht nur Frankreich und England den Deutschen haushoch überlegen, sondern auch das Österreich-Ungarn der k.u.k. Monarchie mit ihren Austro-Daimler „Kriegszugwagen“ (C-Zug) und den „Landwehr-Zügen“ (B-Zug) mit Benzin-Elektro-Antrieb. Ein 150 PS-Motor lieferte als Kraftstation den Strom für die an den Rädern eingebauten Elektromotoren, die den Antrieb besorgten. Kein geringerer als Ferdinand Porsche, der damalige technischer Direktor bei der österreichischen Daimler Motoren Gesellschaft, setzte die Idee des k.u.k. Majors von Landwehr erfolgreich in die Tat um.
Im Deutschen Reich hatte die DMG im Auftrag von Krupp eine allradgetriebene Zugmaschine entwickelt, die legendäre K.D.I. Sie war das erste serienmäßig gebaute Automobil mit Allradantrieb. Diese Entwicklung erfolgte relativ spät, so daß erst ab Mitte 1917 die ersten Zugmaschinen eingesetzt werden konnten. Diese waren so erfolgreich, daß sie auch für andere Zugzwecke innerhalb der Armee eingesetzt wurden und noch in der Reichswehr der 20er Jahre und bei der Polizei als gepanzertes Fahrzeug Dienst taten. Mit 1129 gebauten Zugmaschinen waren sie das bei weitem erfolgreichste deutsche Modell der von 14 Herstellern produzierten Zugmaschinen im Ersten Weltkrieg.

Benz Prototyp als 4 x 4 Lastwagen für Schwertransporte

Benz baute 1918 die Benz-Bräuer-Kraftprotze KP. Dies war ein normaler Lastwagen, den man vor und hinter dem Hinterrad mit je einem kleineren Rad versehen hatte. Über alle drei Räder lief ein vom Hinterrad angetriebenes Laufband, das die Aufstandsfläche vergrößerte und durch den geringeren Bodendruck eine größere Geländegängigkeit erzielen sollte.
Eine weitere Konstruktion war eine gegen Ende des Krieges entwickelte Allrad-Zugmaschine. Diese Versuchskonstruktion ging nie in Serie. Ein weiteres Ungetüm war die Artillerie-Zugmaschine der Benz Traktoren, nicht zu verwechseln mit den Benz-Sendling Traktoren der 20er Jahre, die zwar mit großer Zugkraft glänzten, aber aufgrund ihrer Schwerfälligkeit nie den Durchbruch zum Erfolg schaffte.

Daimler Lastwagen DM 41/2

Benz & Cie.

Das Programm der 3/4 bis 1,5 Tonner umfaßte bis 1916 drei Typen mit drei verschiedenen Motoren und ab dem 3/4 Tonner jeweils mit zwei unterschiedlichen Radständen. Bei den 3/4 Tonnern bestand die Auswahl zwischen drei Vierzylinder-Motoren mit 20 und 25 PS mit 2,6 Litern Hubraum und 28 PS mit 3,6 Litern Hubraum. Die Höchstgeschwindigkeit lag bei 45 km/h, ein für die damalige Zeit beachtlicher Wert.
Der 1 Tonner, nur ein Jahr lang gebaut, war mit dem 2,6 Liter-Motor mit 20 PS bzw. mit dem 3,6 Liter-Motor mit 25 PS und zwei unterschiedlichen Radständen lieferbar. Er wurde 1914 durch den 1,5 Tonner ersetzt. Seine Höchstgeschwindigkeit betrug 40 km/h. Er war wahlweise mit Luft- oder Vollgummireifen lieferbar. Vollgummibereift war die Höchstgeschwindigkeit um fünf Kilometer geringer.
Der 1,5 Tonner war wahlweise mit dem 3,6 Liter Motor mit 28 PS oder mit dem 4,7 Liter Motor mit 35 PS und zwei verschiedenen Radständen lieferbar. Die Höchstgeschwindigkeit war mit der des 1 Tonners identisch, bei Vollgummireifen lag sie ebenfalls 5 km/h niedriger. Auch er konnte mit Luft- oder Vollgummireifen geliefert werden, wobei hinten Zwillingsreifen montiert waren. Alle Lastwagen dieser Tonnageklassen hatten Kardanantrieb.
Von 2 bis ca. 5 Tonnen Nutzlast wurde ausschließlich der Kettenantrieb bevorzugt. Bei der Bereifung konnte zwischen Luft- oder Vollgummireifen gewählt werden, hinten waren Zwilingsreifen montiert. Bis zum 4 Tonner bestand immer die Wahl zwischen zwei verschiedenen Radständen.

Benz Militärlastwagen für 2–2,5t Nutzlast

Benz KL14 für 3–3t Nutzlast als Fernsprechwagen

Benz 5K2 von 1919, vorne mit Eisenreifen mit Spiralfedern

In der Nutzlastklasse zwischen 2 und 3 Tonnen Nutzlast standen drei Motoren mit vier Zylindern zur Auswahl. Das waren der 4,7 Liter-Motor mit 35 PS, der 6,5 Liter-Motor mit 45 PS und der 7,4 Liter-Motor mit 50 PS. Auch hier konnte noch zwischen Luft- oder Zwillingsreifen gewählt werden. Die Höchstgeschwindigkeit variierte zwischen 25 und 30 km/h, je nachdem, welche Bereifung aufgezogen war.
Bei den 3 bis 4 Tonner-Lastwagen standen immer noch zwei Motoren zur Auswahl. Das waren der 6,5 Liter-Motor mit 45 PS und der 7,4 Liter Motor mit 50 PS. Die Höchstgeschwindigkeit betrug 28 km/h.
Der 5 Tonner wurde ausschließlich mit dem 7,4 Liter Motor mit 50 PS, mit einem Radstand und mit Vollgummibereifung angeboten. Die Höchstgeschwindigkeit betrug nur 18 km/h. Die Bierflaschen und sonstige zerbrechliche Transportgüter werden es bei den damaligen Straßenverhältnissen durch ein längeres Leben gedankt haben.
Ab 1916 wurden in Gaggenau nur noch Lastwagen ab 3 Tonnen Nutzlast gebaut. Diese Typen wurden bis zwei Jahre nach dem Krieg produziert. Für Motorenspezialisten ist interessant, daß etwa ab diesem Zeitpunkt die Motorenbezeichnung von dem Bohrungsmaß abgeleitet wird. So hat z. B. der Motor mit dem Bohrungs-Hubmaß von 117x150 die Bezeichnung S 117 , der mit den Maßen 120x180 die Bezeichnung S 120.
In der Klasse der 3 Tonner gab es zwei Typen. Der 3 K 2 war ein Lastwagen mit Kettenantrieb. Er stand mit zwei Vierzylindermotoren zur Auswahl, und zwar mit dem 6,4 Liter großen 45 PS-Motor oder mit dem 7,4 Liter großen 50 PS-Motor. Er war der aus dem Benz-Programm vom Militär bevorzugte 3 Tonner, der mit Vollgummi- oder Eisenreifen ausgeliefert wurde. Es war nur noch ein Radstand lieferbar, die Höchstgeschwindigkeit wurde mit 24 km/h angegeben. Alternativ wurde der Typ ET 3 mit Kardanantrieb offeriert, der sonst mit dem Fahrzeug mit Kettenantrieb übereinstimmte.
Bei den 5 Tonnern 5 K bzw. 5 K 2 standen drei Motoren mit 6,5 Litern und 45 PS, 7,4 Litern und 50 PS und 8,6 Litern und 58 PS zur Auswahl. Bei der Bereifung konnte zwischen Eisen- oder Vollgummireifen gewählt werden. Die Höchstgeschwindigkeit betrug je nach Bereifung 14 bzw 18 km/h. Dieses Schwergewicht war auch für Anhängerbetrieb vorgesehen, seine Höchstgeschwindigkeit betrug dann nur noch 14 km/h.

Daimler-Motoren-Gesellschaft

Untertürkheim bediente die Tonnageklassen der leichten Nutzfahrzeuge. Die 0,5 bzw. 1,5 Tonner, sogenannte Lieferungswagen, waren als Kastenwagen und als Pritschenwagen lieferbar. Gekennzeichnet wurden die Typen durch ein U für Untertürkheim in der Typenbezeichnung. Danach folgte eine Zahl, welche die entsprechende

Benz Lastwagen EK1 für 1,5t Nutzlast

Nutzlastklasse kennzeichnete. U 1/2 T wurde von einem 2,1 Liter-Vierzylindermotor mit 22 PS angetrieben und war bis zu 40 km/h schnell. Der nächst größere U 1 T hatte einen 3 Liter-Motor mit 32 PS und erreichte 35 km/h. Bei der kaiserlichen Armee taten sie als Sanitätswagen gute Dienste.
Die Marienfelder führten bis 1917 eine fein abgestufte, umfangreiche Palette von 17 Lastwagen im Programm. Dabei bedienten sie sich eines einfachen Typenschlüssels. Das DM am Anfang der Typenbezeichnung stand für Daimler Marienfelde. Anschließend folgte eine Zahl, sie wies die Tonnageklasse aus. Der sich anschließende kleine Buchstabe aus den ersten drei Buchstaben des Alphabets kennzeichnete einen der drei Motoren. Bei den 2 und 3 Tonnern bzw. ab 4,5 bis 6 Tonnen Nutzlast war einer der zwei zur Auswahl stehenden Motoren gemeint.
Die 2 Tonner waren mit Vierzylindermotoren mit 4,9 Liter und 30 PS und 5,5 Liter und 35 PS lieferbar. Für die stärkere Motorisierung stand auch noch ein längerer Radstand zur Auswahl. Sie konnten bis zu 28 km/h erreichen. Dieselbe Motorenpalette und die zwei Radstände standen

Diese Daimler Artillerie Zugmaschine KDI mit Allradantrieb und 100 PS-Motor war zu schwer für die Brückenbohle

auch für die 3 Tonner zur Verfügung. Die 2- und 3 Tonner wurden mit Kardanantrieb geliefert. Die Höchstgeschwindigkeit betrug 28 km/h, was angesichts der zum Einsatz kommenden Vollgummibereifung beachtlich war und dem Fahrer samt Beifahrer angesichts der damaligen Straßenverhältnisse mehr Tortur als Freude bereitete.
Bei den 4Tonnern standen drei Vierzylindermotoren und zwei Radstände zur Auswahl. Dies waren die schon erwähnten 4,9- und 5,5 Liter-Triebwerke und als Topmotorisierung ein 7,2 Liter mit 45 PS. Sie waren bis zu 18 km/h schnell und hatten Ritzelantrieb, ab vier Tonnen Nutzlast wurde ausschließlich der Ritzelantrieb eingesetzt.
Die 4,5- und 5-Tonner wurden ausschließlich mit den beiden stärksten Motoren mit 35 PS und 45 PS geliefert. Mit 16 km/h Höchstgeschwindigkeit eigneten sie sich noch nicht für den Fernverkehr, sondern eher für die beschauliche Lastendistribution.

Wilhelm Gräfe, Pulsnitz i/Sa.
Fernruf 8
Spedition u. Möbeltransporte
Fernruf 8

II-09998

Inflation und Fusion 1918–1930

Das Kriegsende 1918 bedeutete für die geschundenen Menschen ein Aufatmen, für die Industrie war es ein Schock. Der größte Auftraggeber, das Militär, fiel als Kunde aus, tausende Lastwagen standen bei den Produzenten auf Halde. Die Nachfrage nach neuen Lastwagen blieb zunächst aus. 9000 Fahrzeuge aus Armeebeständen drängten auf den Markt. Das war in Gaggenau und Berlin-Marienfelde nicht anders als bei den vielen anderen Herstellern. Fernverkehr im heutigen Sinne war in großem Stil auch in jenen Jahren mit den über schlechte Straßen hoppelnden, meist vollgummibereiften Lastern nicht möglich. Dafür eigneten sich die zum Teil noch mit Eisenreifen bestückten Schwergewichte auch aufgrund ihrer niedrigen Geschwindigkeiten, die zwischen 14 und 18 km/h lagen, nicht. Ihre Domäne war eher der Baustellen- und Holztransport sowie der Verteilerverkehr. Noch dominierte im Fernverkehr die gute alte Eisenbahn. Da große Stückzahlen zunächst nicht gefragt waren, hatten die Ingenieure jetzt wieder Zeit, sich um Weiterentwicklungen ihrer Produkte zu kümmern. Zum Teil schon vor dem Krieg angedachte Neuerungen, die in den Schubladen der Konstrukteure schlummerten, konnten nun in Angriff genommen werden.

Ein besonderer Schwerpunkt, wenn nicht sogar der wichtigste, bildete dabei die Entwicklung des Dieselmotors. Eine kleine Episode am Rande bildete dabei die Bezeich-

Benz Versuchsdieselmotor mit 4 Zylindern

nung der neuen Antriebsart bei Benz & Cie. Da der Dieselmotor mit dem Namen des Erfinders gekoppelt war und nicht mit der Quelle des Antriebs wie beim Benzinmotor, nannte man die hauseigenen Dieselmotoren Ölmotoren, da als Antrieb Gasöl diente. Aus diesem Grunde haben bei Benz, Daimler-Benz und Mercedes-Benz bis heute alle Dieselmotoren die beiden Buchstaben OM für Ölmotor vor der Typenbezeichnung der Motoren. Der erste hieß jedoch noch OB 2.

Eine wesentliche Weichenstellung für diese Erfolgsstory begann schon lange vor dem Ersten Weltkrieg im Jahre 1910, als Prosper L'Orange von der Gasmotorenfabrik Deutz, wo er die Versuchsabteilung leitete und die Einspritzpumpe entwickelte, als Vorstandsmitglied zu Benz & Cie. wechselte. Dort übernahm der innovative Techniker L'Orange die Leitung des stationären Motorenbaus und beschäftigte sich intensiv mit der neuen Antriebstechnik. Diese Arbeit L'Oranges wurde durch den Militärdienst bei der Marine unterbrochen. Während 1919 bei der MAN Versuche mit der Strahlenzerstäubung begannen, die schließlich 1923 zum ersten Diesel-Lastwagen mit direkter Kraftstoffeinspritzung führten, entwickelte L'Orange bei Benz & Cie. zur gleichen Zeit das Trichter-Patent für die Vorkammer und darauf aufbauend einen kompressorlosen Klein-Dieselmotor mit Vorkammer-Einspritzung, der, ebenfalls 1923 in einen Lastwagen eingebaut, für Furore sorgte. Somit gehört der Ruhm des ersten Lastwagens mit Dieselmotor den beiden Pionieren Benz & Cie. und der MAN.

Auf der Berliner Automobilausstellung 1924 sorgten bei den Fachleuten gleich drei Lastwagen mit Dieselmotor für Aufsehen. Es waren die beiden Lastwagen von Benz & Cie. und MAN sowie ein Daimler-Lastwagen aus dem Werk Marienfelde mit Druckluft-Einblasung. Im Zuge der weiteren Entwicklung blieb allerdings dieses Verfahren auf der Strecke. Das Daimlersche Lufteinblaseverfahren war teurer, der Motor schwerer und für harten Alltagseinsatz zu kompliziert. Doch das mußte die Daimler-Mannen nicht unbedingt grämen. Zumindest waren sie von Anfang an mit dabei. Andere, die es in der Branche noch zu Rang und Namen bringen sollten, kamen erst viel später mit ihren Dieselmotoren auf den Markt: Fiat 1930, Leyland und Alfa Romeo 1931, letztere mit Deutz-Dieselmotoren, Büssing 1932, Magirus 1933. Schon 1925 vergab Benz & Cie. Lizenzen an so renommierte Fir-

Benz Dieselmotor OB2 von 1923 eingebaut im LKW Typ 5K3

Nach unten gekröpfter Niederrahmen von der Vergaserseite

men wie Büssing, Hanomag, Deutz, Kaelble und Krupp. Der Diesel-Vorkammermotor war einer der wichtigsten Aktivposten der Benz & Cie. bei der Fusion zur Daimler-Benz AG im Jahr 1926, der im Laufe der Jahrzehnte zu der dominierenden Position der Daimler-Benz AG auf dem Nutzfahrzeugsektor beitrug. Bis zum Marktdurchbruch dauerte es allerdings noch bis Ende der 20er/Anfang der 30er Jahre. Es fehlten noch Einspritzanlagen, die eine serienmäßige Fertigung von Dieselmotoren erlaubten. Bosch, einer der ersten Dieselkunden bei Benz, hatte schon 1924 einen Diesel-Lastwagen gekauft, war aber noch nicht so weit, Einspritzpumpen selbst zu bauen, wie es die MAN in der Anfangszeit tat. Weder die Benz & Cie noch die spätere Daimler-Benz AG beschäftigten sich mit der Produktion von Einspritzpumpen. Sie arbeiteten auf diesem Gebiet – bis in die heutige Zeit übrigens – sehr eng mit dem Hause Bosch zu-sammen. Natürlich lag der Schwerpunkt der Motorisierung der Lastwagen bis zum Anfang der 30er Jahre beim Benzinmotor. Der entscheidende Impuls zur Wende zum Dieselmotor war jedoch gegeben, der mittelfristige Erfolg nicht mehr aufzuhalten.

Ein weiterer wichtiger Schritt war die Einführung des Niederrahmen-Fahrgestells bei Benz & Cie. gegen Ende des Jahres 1923. Bei dieser Entwicklung wurde der für die damalige Zeit sehr niedrig liegende Rahmen über Vorder- und Hinterachse nach oben gekröpft, um den Achsen genügend Spielraum beim Ein- und Ausfedern zu gewähren. Auslöser für diese innovative Entwicklung waren die Müllfahrzeuge jener Jahre. Bei ihnen stand die Arbeitserleichterung beim Entleeren der Müllbehälter im Vordergrund. Von dieser Entwicklung profitierten dann jedoch hauptsächlich die Lastwagen und Omnibusse. Die an den Müllwagen außerdem dargestellte Entwicklung des Frontlenkers zur besseren Raumausnutzung setzte sich beim Lastwagen erst gegen Ende der 50er Anfang/der 60er Jahre durch.
Die Jahre 1925 bis ca. 1930 waren in der deutschen Industrielandschaft geprägt durch eine Welle von Sanierun-

Nach unten gekröpfter Niederrahmen von links

Mercedes-Benz NJ5 – Müllwagen mit Niederrahmenfahrgestell und KUKA-Aufbau

gen, Insolvenzen, Liquidationen und Fusionen. Der Markt mit seiner unerbittlichen Logik ließ kapitalschwache Kleinhersteller nicht mehr zu, die Inflation hatte häufig die Kapitalbasis ausgelaugt. Zahlreiche Namen verschwanden von der Bildfläche, – sei es, daß sie aufgeben mußten, sei es, daß sie in Fusionen aufgingen. Spektakulärster Fall der deutschen Industriegeschichte war der Zusammenschluß der großen Chemiegiganten zur IG-Farbenindustrie. Aber auch in der Automobilindustrie gab es, neben Benz und Daimler, eine Fülle von Kooperationen und Fusionen. Zwei weitere Beispiele machen das deutlich. Typisch ist die Adam Opel AG, die 1926 die Beckmann Werke in Breslau und die Elite-Diamant Werke in Brand-Erbisdorf kaufte und dann stilllegte. 1929 übernahm General Motors dann die Adam Opel AG, die ihren Namen behielt. Nicht weniger typisch übernahm 1928 Büssing die Automobilabteilung der AEG, die NAG, die wiederum 1926 Presto, Protos und Dux geschluckt hatte. Von nun an firmierte das Ganze als Büssing-NAG.

1924 schlossen sich Benz & Cie. und die Daimler-Motoren-Gesellschaft, als Vorstufe zur Fusion im Jahr 1926, zu einer Interessengemeinschaft zusammen. Diese Fusion wurde mit großem Nachdruck von dem damaligen Vorstandsvorsitzenden der Deutschen Bank, Dr. Emil Georg von Stauß, und dem Benz-Direktor und Vorstandsmitglied in der Interessengemeinschaft, Wilhelm Kissel, betrieben. Bereits 1924 zeichnete sich das Ende der Daimlerschen Lastwagenproduktion im Werk Marienfelde ab. Der Schwerpunkt der Aktivitäten in Konstruktion und Produktion auf dem Nutzfahrzeugsektor verlagerte sich zunehmend nach Gaggenau.

Das im Oktober 1926 auf der Automobilausstellung in Berlin nach der Fusion präsentierte Nutzfahrzeugprogramm der neuen Daimler-Benz AG baute auf dem Programm von Benz & Cie. auf. Das neue Programm bestand aus leichten 1- bis 1,5 Tonnern, mittleren 3- bis 4 Tonnern und schweren 5 Tonnern, das 1928 noch durch einen beeindruckenden Dreiachser für 8,5 Tonnen Nutzlast erweitert wurde.

In der Nutzfahrzeug-Produktion – darin eingeschlossen sind Feuerwehrfahrzeuge, Omnibusse und ausschließlich für die Reichswehr oder sonstige militärische Abnehmer gebaute Fahrzeuge – lag Benz & Cie. bis zur Fusion ganz eindeutig vor dem Fusionspartner Daimler-Motoren-Gesellschaft, wie die nachfolgende Übersicht zeigt.

Nutzfahrzeugproduktion (Stück)

Jahr	Benz & Cie	Daimler-Motoren-Gesellschaft
1908	298	122
1909	428	158
1910	381	199
1911	441	291
1912	571	317
1913	654	358
1914	1217	568
1915	1132	605
1916	1162	718
1917	1354	792
1918	1285	996
1919	797	550
1920	901	536
1921	1106	294
1922	885	380
1923	983	449
1924	909	543
1925	1364	881
Daimler-Benz AG		
1926	1545	
1927	2911	
1928	4692	
1929	3813	
1930	2105	

Benz & Cie.

Bei Benz wurden zunächst die Kriegstypen weitergebaut. Erst 1920 kamen überarbeitete oder neue Modelle heraus, die den Marktbedürfnissen entsprechend eng gestaffelt waren. Dabei wiesen die mit Vollgummi- oder Luftreifen lieferbaren 1- bis 3 Tonner ausschließlich Kardanantrieb auf und waren als Kardantypen durch das C in der Typenbezeichnung gekennzeichnet. Bei den 5 Tonnern, die nur mit Vollgummirädern bestückt waren, blieb es beim Kettenantrieb. Erst der Diesel hatte von Anfang an Kardanantrieb.

Der 1 bis 1,5 Tonner Typ 1 C mit seinem 4,7 Liter großen 35 PS-Vierzylindermotor wurde als Kriegstyp noch drei Jahre gebaut, 1921 zum Typ 1 CN weiterentwickelt und bis zur Fusion 1926 gebaut. Dieser besaß den gleichen Motor S 100, war allerdings mit verschiedenen Radständen und hinten mit Einfach- oder Zwillingsbereifung lieferbar. Die Höchstgeschwindigkeit lag mit Vollgummireifen bei 35 km/h, mit Luftreifen bei 42 km/h.

Die 2 bis 2,5 Tonner Typ 2 C hatten einen aus dem Typ 1 C entwickelten 6,3 Liter-Motor mit 45 PS. Bereits nach zwei Jahren wurde dieser Typ zum Typ 2 CN weiterentwickelt und bis zur Fusion 1926 gebaut. Der 2 CN besaß den gleichen Vierzylindermotor S 110 wie der 2 C, war aber mit verschiedenen Radständen und hinten mit Einfach- oder Zwillingsbereifung lieferbar. Die Höchstge-

Benz Niederwagen Typ MS mit motorisch betätigter Hinterkippvorrichtung

schwindigkeit betrug mit Vollgummireifen bei 30 km/h, mit Luftreifen bei 37 km/h.
Der 3 Tonner Typ 3 C hatte den gleichen Motor wie die 2,5 Tonner und stand in zwei Radständen zur Auswahl. Bereits nach einem Jahr wurde er zum Typ 3 CN weiterentwickelt und war bis zur Fusion 1926 im Programm. Lieferbar war nur eine Radstandsversion.
Der Typ 3 CN in der verlängerten Version verfügte über den stärkeren Motor S 120 mit 55 PS, auch er wurde bis zur Fusion 1926 gebaut. Höchstgeschwindigkeit und Bereifungsauswahl entsprachen dem 2,5 Tonner, wobei an der Hinterachse ausschließlich Zwillingsreifen verwendet wurden.
Der Typ MS war ebenfalls ein 3 Tonner. Seine Besonderheit war der Niederrahmen und die Ausführung als Frontlenker. Angetrieben wurde er von dem 45 PS starken Motor S 110.
Die schweren Kaliber der 5 Tonner Typ 5 K und Typ 5 K 2 entsprachen bis 1920 den Kriegsausführungen mit den drei Motoren S 117, S 125 und S 135. Kettenantrieb sowie Eisen- oder Vollgummireifen waren Standard. Geliefert wurde nur ein Radstand.
Der 5 Tonner 5 K 3 ab 1920 war den Nachkriegsverhältnissen angepaßt. Angeboten wurde nur noch eine Motorenversion, der S 120 mit 55 PS. Dafür konnten je nach Bedarf vier Radstandslängen geliefert werden. Der nur mit Vollgummireifen erhältliche Lastwagen errreichte eine Höchstgeschwindigkeit von bis zu 22 km/h und blieb bis 1925 im Programm.
Eine Ausnahmeerscheinung sollte vorerst der Typ 5 CN mit Dieselmotor bleiben. Mit Vollgummi- oder Luftreifen war er 30 km/h schnell.
Von allen Typen wurden auch entsprechende Feuerwehrfahrzeuge und Omnibusvarianten abgeleitet.

Daimler-Motoren-Gesellschaft

Zwei Jahre lang bot Untertürkheim noch seine Lieferungswagen an. Der 1 1/4 Tonner U 1 T wurde zunächst noch mit dem 3 Liter-Motor mit 32 PS geliefert, er war bis zu 35 km/h schnell. Ab 1920 wurde ein 2,6 Liter-Motor mit 25 PS eingebaut, mit dem das überarbeitete Fahrzeug 40 km/h erreichen konnte.
Eine Nutzlastklasse höher war der bis 1921 gebaute 2,5 Tonner U 2 T angesiedelt. Ein für einen Lieferungswagen mächtiger 5,7 Liter-Vierzylindermotor mit 50 PS sorgte für eine Höchstgeschwindigkeit von 30 km/h. Mit diesem Typ endete das bei der DMG gebaute Nutzfahrzeugprogramm aus Untertürkheim. Von beiden Typen gab es auch Omnibusse, die zum Teil auch von den Postverwaltungen eingesetzt wurden. Alle weiteren Nutzfahrzeuge

Mercedes-Benz L1 Pritschenwagen mit 1,5t

Benz Typ 3 CN Kastenwagen für 3t Nutzlast

Benz Typ 3CN für 3–3,5t Nutzlast

Benz Typ 5C – Prototyp mit Dieselmotor

Daimler DR 4–5d

kommen aus dem Werk Berlin-Marienfelde. Dort setzte ab etwa 1920 die eigentliche Nachkriegsproduktion ein.

Die Produktpalette begann mit einem Pritschenwagen mit 1 Tonne Nutzlast und endete fein abgestuft beim 5 Tonner.

Der 1 Tonner DC 1a wurde von einem 2,6 Liter-Vierzylindermotor mit 30 PS angetrieben und erreichte 35 km/h Höchstgeschwindigkeit. Vollgummi- oder Luftreifen standen zur Wahl. Dieser Typ, ab 1921 zunächst als Feuerwehrfahrgestell gebaut, war bis 1924 im Programm.

Der 2 Tonner DC 2c hatte von 1921 bis 1924 einen 5,5 Liter großen 40-PS-Motor, von 1924 bis 1925 wurde er von einem weiterentwickelten 5,6 Liter-Motor mit 45 PS angetrieben. Zur Auswahl standen auch hier Vollgummi- oder Luftreifen, die eine Höchstgeschwindigkeit von 30 bzw. 35 km/h ermöglichten. Lieferbar waren beide Ausführungen mit zwei Radständen.

Der 3 Tonner DC 3c hatte als Kriegstyp noch den 5,5 Liter-Motor mit 35 PS, ab 1922 wurde die Leistung auf 40 PS angehoben, die er bis 1924 beibehielt. Lieferbar war nur ein Radstand und ausschließlich Vollgummireifen. Die Höchstgeschwindigkeit betrug 27 km/h.

Ein Zwischentyp war der DC 3 dO, der 3 bis 4 Tonnen Nutzlast aufwies. Angetrieben wurde er von einem 7,2 Liter-Motor mit 50 bzw. 55 PS, der bis zu 30 km/h erlaubte. Für Feuerwehrzwecke wurden noch zwei längere Radstände geliefert. Alle Fahrzeuge waren mit Vollgummireifen bestückt.

Der 4 bis 5 Tonner DR 4-5d wurde als Kriegstyp bis 1922 mit dem 7,2 Liter-Motor mit 45 PS, der bescheidene 16 km/h erlaubte, und einem Radstand geliefert.

Ab 1922 wurde die Leistung auf 50 PS angehoben und das Programm auf drei Radstände ausgedehnt. Zum ersten Mal war auch ein Kipper mit einem separaten Radstand lieferbar. Ab 1924 bis 1926 wurde die Leistung nochmal um 5 PS auf 55 PS angehoben. Lieferbar waren drei Radstände, der Kipper hatte den kürzesten Radstand der Pritschenwagen. In der letzten Ausführung stieg die Höchstgeschwindigkeit auf 21 km/h. Die serienmäßigen Vollgummireifen ließen höhere Geschwindigkeiten wenig ratsam erscheinen. Eine Besonderheit der letzten Version war die auf Wunsch lieferbare Knorr-Luftdruckbremse.

Der 4 Tonner DC 4d war eine zusätzliche, modernere Variante der bestehenden 4- bis 5 Tonner, die bis zur Fusion gebaut wurde. Angetrieben wurde er von dem bekannten 7,2 Liter-Motor mit 55 PS. Für die Lastwagen waren drei Radstände verfügbar, ein zusätzlicher für das Feuerwehrfahrgestell. Mit 38 km/h Höchstgeschwindigkeit war der mit Luftreifen bestückte 4 Tonner damals ein schnelles Fahrzeug in seiner Klasse.

Der DC 4 dN war die von dem DC 4d abgeleitete Niederrahmen-Version der Marienfelder und somit das modernste Fahrzeug im Programm, das als Lastwagen und Omnibus Verwendung fand.

Daimler-Benz AG

Die aus der Fusion neu entstandene Gesellschaft machte es sich auch zur Aufgabe, das Nutzfahrzeugprogramm zu modernisieren. So wurden in den schweren Klassen die bis dahin ausschließlich eingesetzten Vierzylindermotoren durch neue Konstruktionen mit sechs Zylindern ersetzt. Gleichzeitig wurde für die schweren Kaliber ein neuer Dieselmotor mit sechs Zylindern entwickelt, der es zwar noch nicht zum Durchbruch des Dieselmotors im Lastwagen brachte, aber immerhin für beachtliche Anfangs- und Achtungserfolge sorgte. Aber noch dominierte eindeutig der Ottomotor als spritsaufendes und kostenintensives Ungeheuer.

Am unteren Ende der Produktrange wurde eine Praxis aus der Frühzeit des Benzschen Nutzfahrzeugprogramms wieder aktiviert: Die Verwendung von Personenwagen, die durch leichte Verstärkungen zu leichten Nutzfahrzeugen wurden und somit das untere Ende des Programms abdeckten.

Das neue Programm, ebenso dicht gestaffelt, manchmal verwirrend in der typologischen Logik, aber auf die Bedürfnisse der Kunden zugeschnitten wie ehedem bei Benz & Cie. und der DMG, wurde ein Erfolg. Innerhalb von zwei Jahren verdreifachte sich der Produktionsausstoß. Der Börsencrash am 25. Oktober 1929 in New York, der berüchtigte „Black Friday", der die Weltwirtschaftskrise einläutete, sorgte allerdings dann auch bei Daimler-Benz für einen dramatischen Einbruch. 1930 wurden nur noch weniger als die Hälfte der Nutzfahrzeuge des Jahres 1928 produziert.

Das war für den Start der neuen Gesellschaft eine Katastrophe, die Märkte brachen weg wie Kreidefelsen in einer Sturmflut. Immerhin hatte Daimler-Benz gerade noch Glück. Die Gesamtsituation entwickelte sich in ihrer Langzeitwirkung so dramatisch, daß viele aufgeben mußten und beispielsweise MAN 1932 vor dem Aus stand. Nur durch die Geduld der Muttergesellschaft Gutehoffnungshütte und den 1933 einsetzenden Aufschwung konnte MAN noch gerettet werden.

Die zunehmende Attraktivität und Flexibilität der Lastwagen und der immer schärfere Wettbewerb durch die Weltwirtschaftskrise ließen den Lastwagen zunehmend zu einer echten Konkurrenz für die Bahn werden: Das eröffnete bei allen Widerwärtigkeiten der wirtschaftlichen Gesamtrahmenbedingungen gute Chancen für das sich immer stärker in den Vordergrund drängende Transportmittel Lastwagen. Aus jenen Jahren stammen auch die ersten „Heldenepen" von Entbehrung und vermeintlicher Freiheit der Kapitäne der Landstraße, die sich bis heute erhalten. Aber es war damals mehr denn je ein knochen- und knüppelharter, kräftezehrender Job.

Die Lastwagentypen von 1926 –1930

Der L 3/4 baute auf dem Personenwagen Typ 8/38, später Stuttgart 200, auf. Er hatte den 2 Liter-Sechszylindermotor mit 38 PS des Pkw und erreichte bis zu 60 km/h. Im Gegensatz zum Personenwagen hatte er einen längeren Radstand und eine kürzere Antriebsachsübersetzung. 1927 war er zunächst als Chassis lieferbar, 1928 wurde die Produktpalette um einen Kastenwagen und Kleinomnibus erweitert.

Der L 1000 wurde 1929 der Nachfolger des L 3/4. Mit dem 2,6 Liter Sechszylindermotor – mit 50 PS aus dem Pkw „Stuttgart 260" stärker motorisiert als der Vogänger – wurde er den Transportanforderungen erheblich besser gerecht. Entsprechend breiter war auch die angebotene Aufbautenvielfalt. Sie erstreckte sich vom reinen Fahrgestell über Pritschen- und Kastenwagen bis hin zum Krankenwagen und Kleinomnibus sowie zum Kübelwagen für das Militär. Besondere Verbreitung erfuhr dieses Modell durch die bei der Reichspost zahlreich eingesetzten Landpostkraftwagen, einer Mischung aus Kastenwagen für die Paket- und Postbeförderung und Kleinstomnibus für den Personentransport in ländlichen Gebieten. Erst 1936 wurde die Produktion des Kastenwagens eingestellt.

Der L 1 als kleinstes Nutzfahrzeug des neuen Typenprogramms auf Lastwagenbasis wurde nur von 1926 bis 1928 gebaut. Als 1,5 Tonner war er mit einem 3,7 Liter-Vierzylindermotor mit 45 PS, der es auf 50 km/h brachte, ausgerüstet. Als 2 Tonner, der ein Jahr später auf den Markt kam und bis 1930 gebaut wurde, verfügte er über den 3.9-Liter-Sechszylindermotor M 16 mit 50 PS. Beide hatten nur ein Dreiganggetriebe. Während der 1,5 Tonner nur mit einem Radstand geliefert wurde, standen bei dem 2 Tonner zwei Radstände zur Auswahl. Beide waren auch als Kastenwagen und Omnibusse lieferbar.

Der L 45 deckte ab 1928 bis 1930 die Lücke der 2,5 Tonner ab, die der L 2 hinterlassen hatte. Auch ihn trieb der schon im L 1 eingebaute Motor M 16 an. Um dem größe-

Oben: Mercedes-Benz L2 von 1926–1930, L2500 von 1930–1932 für 2,5t Nutzlast

Unten: Mercedes-Benz L2 von 1926–1930, L2750 von 1930–1932 für 2,75t Nutzlast

Oben: Mercedes-Benz L5000 (L5) mit 85 PS Dieselmotor und 5t Nutzlast

Unten: Mercedes-Benz N56 mit 100 PS Ottomotor, 1928–1930

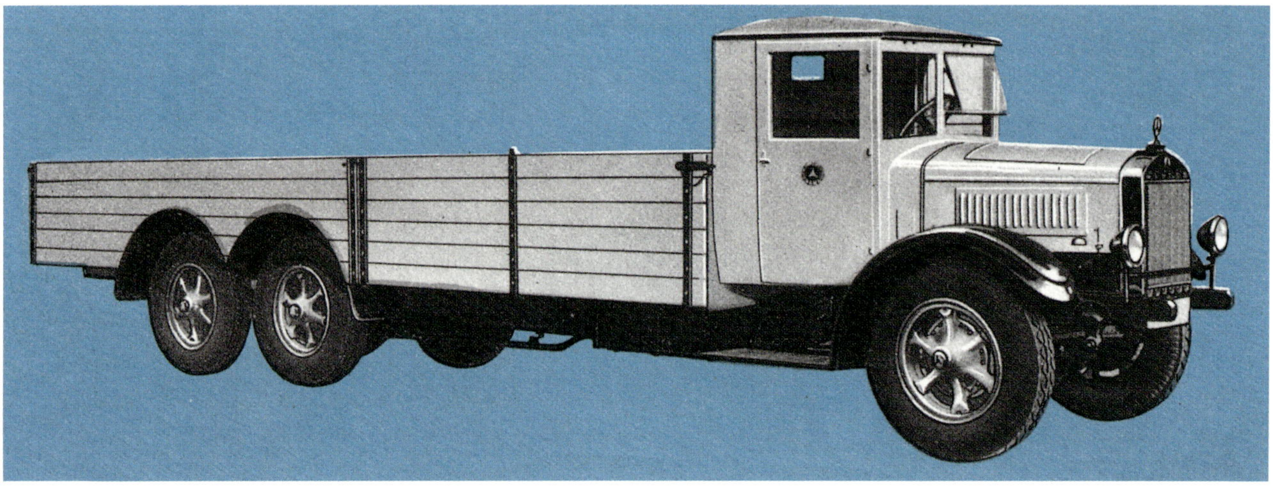

ren Zugbedarf gerecht zu werden, wurde die Leistung um 5 PS erhöht und ein Vierganggetriebe eingebaut. Auch er war bis zu 50 km/h schnell.
Der L 2 war von 1926 bis 1927 für den Nutzlastbereich der 2,5 Tonner vorgesehen. Ein relativ großer Vierzylindermotor M 2 mit 5,75 Liter und 55 PS sorgte für bis zu 45 km/h Höchstgeschwindigkeit.
Ab 1927 bis 1929 rückte der L 2 als 3- bis 4 Tonner eine Nutzlastklasse höher, in der auch höhere Motorleistung angesagt war. Angetrieben von dem 7 Liter großen Sechszylindermotor M 26 mit 70 PS erreichte er bis zu 50 km/h. Ab 1930 sorgte der 7,8 Liter große Motor M 36 mit 100 PS für den nötigen Schub.
Der L 2 war ab 1927 auch als Sattelschlepper und mit Niederrahmen lieferbar. Der Omnibus mit Niederrahmenchassis hatte die Typenbezeichnung N 2.
Der L 5 war ab 1927 als 5 Tonner der schwerste Lastwagen mit zwei Achsen im Angebot der Daimler-Benz AG. Zunächst wurde er von dem 8,1 Liter großen Vierzylindermotor M 5 mit 70 PS angetrieben, der aber ab 1928 zunehmend von dem 7,8 Liter großen Sechszylindermotor M 36 mit 100 PS abgelöst wurde. In dieser Konfiguration waren als Pritschenwagen zwei verschiedenen Radstände, ein Dreiseiten-Kipper und die Niederrahmenversion N 5 zu haben.
Die herausragende Bedeutung des L 5 liegt aus heutiger Sicht darin, daß Daimler-Benz mit ihm zum ersten Mal den Dieselmotor serienmäßig anbot. Gegen Mehrpreis konnte der 70 PS starke, 8,6 Liter große Sechszylinder-Dieselmotor OM 5 geordert werden.
Mit dem N 56 setzt auch Daimler-Benz ab 1928 auf den damals allgemeinen Trend, bei höheren Nutzlasten als 5 Tonnen aus Gründen der besseren Achslastverteilung Dreiachser einzusetzen. Der N 56 wurde ausschließlich mit Niederrahmenchassis angeboten, das auch die Basis für die Omnibusse N 56 war. Es standen zwei Nutzlastklassen mit 7 und 8,5 Tonnen zur Auswahl. Auch bei der Motorisierung konnte zwischen dem 100 PS starken 7,8 Liter-Benzinmotor M 36 oder dem 8,6 Liter Dieselmotor OM 5 mit 70 PS gewählt werden.
Alle Lastwagen ab dem L 2 hatten eine servounterstützte Bremse nach dem System Bosch-Dewandre und Stirnrad-Nabenantrieb.

Mercedes-Benz L8500 Großmüllwagen mit KUKA-Aufbau für die Berliner Müllabfuhr

DIESEL

MERCEDES-BENZ

Wirtschaftskrise und Dieselboom 1930–1939

Die Wirtschaftskrise war 1930 erst am Anfang. Der dramatische Niedergang, sich in weiter sinkenden Produktionszahlen ausdrückend, beschleunigte die Talfahrt. Zwei Jahre später war man wieder auf dem Stand des Fusionsjahres 1926 angekommen. Mit der Machtergreifung der Nationalsozialisten 1933 setzte eine Scheinblüte ein, die nicht ein Ergebnis der Markterholung, sondern hauptsächlich der Aufrüstungspolitik der Nazis war. Hitler erkannte auch die Chancen der Motorisierung mit ihrer Mobilität für die machtpolitische Aktivitäten seiner Eroberungsvisionen.

Die Aufrüstung von Heer, Luftwaffe und Marine, die Motorisierung von Post und Bahn, der Parteiorganisationen sowie von SA und SS, die Bildung der Organisation Todt, all das waren Ergebnisse Hitlerscher Macht- und Eroberungsvorstellungen. Der Boom bei der nach der Wirtschaftskrise übriggebliebenen Fahrzeugindustrie war die zwangsläufige Folge.

Der Einfluß des Staates in sämtliche Organisationsstrukturen des täglichen Lebens ergab sich aus dem absoluten Machtanspruch der Nazis. Pläne aus dem Jahr 1934, den Lastwagen zum verlängerten Arm der Reichsbahn zu machen, paßten in das Gesamtszenario. Das Gesetz über den Güterkraftverkehr limitierte die Zahl der Speditionen, lizensierte den Güterkraftverkehr über Konzessionen und versuchte, die Dominanz der Reichsbahn im Fernverkehr festzuschreiben.

Für die Fahrzeugindustrie machten sich diese Beschränkungen kaum bemerkbar. Die Reichsbahn war neben dem Militär und den zahlreichen staatlichen und halbstaatlichen Organisationen einer der größten Kunden der Deutschen Lastwagenindustrie. Bei Kriegsbeginn 1939 wurden von ca. 15 000 Lastwagen im Deutschen Reich etwa 8 000 Stück von der Wehrmacht beschlagnahmt und zum Teil gleich mit den Fahrern eingesetzt. Ab Oktober 1939 erhielten nichtstaatliche Kunden keine Genehmigung mehr zum Kauf eines Lastwagens, es sei denn, sie konnten eine wehrwirtschaftliche Dringlichkeit nachweisen.

Das Jahr 1939 wurde für Daimler-Benz zum Jahr mit dem höchsten Ausstoß an Nutzfahrzeugen, der auch in den folgenden Kriegsjahren nicht mehr erreicht wurde. Es

Mercedes-Benz Lo 3500 – Urahn einer erfolgreichen Baureihe

Fahrgestell des Lo 3500 und Motor OM 67 von der Einspritzpumpenseite

vergingen fast anderthalb Jahrzehnte, bis an diesen Erfolg wieder angeknüpft werden konnte.

Modellpolitisch waren in den Jahren zwischen 1930 und 1939 bei Daimler-Benz drei Abschnitte erkennbar, in denen Daimler-Benz das Typenprogramm mit der bis dahin größten Diversifizierung anbot. Vom Lieferwagen mit 0,3 Tonnen Nutzlast bis hin zum kolossalen 10 Tonner mit drei Achsen blieb fast keine Lücke mehr offen.

Der erste Abschnitt begann ab ca. 1930 und betraf die Modernisierung des bestehenden Lastwagen-Programms, welche mit der allmählichen Durchdringung der gesamten Produktpalette durch den Dieselmotor einherging. Hier leistete Daimler-Benz Pionierarbeit. Zu Beginn des dritten Jahrzehnts waren jedoch die meisten Typen alternativ zum Dieselmotor noch mit Benzinmotor im Lieferprogramm.

Der zweite Abschnitt war ab ca. 1935 erkennbar und zeichnete sich durch eine Erweiterung des Programms sowie die Anpassung bestehender Typen an größere Nutzlasten und höhere Transportgeschwindigkeiten durch höhere Motorleistung aus. Zum Teil führten fließende Übergangsphasen mit ihren Überschneidungen zu einer zeitweise verwirrenden Typenvielfalt.

Der dritte Abschnitt betraf die Produktion militärspezifischer Lastwagen, die vor allem zu einer Reaktivierung des Werks Berlin-Marienfelde führte. Hier wurden außer in Untertürkheim auch die Typen G 3, G 3a, der „Einheits-Diesel" ausschließlich, auch der LG 3000, der außerdem noch in Untertürkheim und Gaggenau gebaut wurde, die Typen LG 2500 und LG 4000 ausschließlich sowie die 12 to Halbkettenzugmaschinen ausschließlich produziert.

1938/39 warf der kommende Weltkrieg schon seine Schatten auf die Automobilindustrie. 1938 wurde zur Umsetzung des 2. Vierjahresplanes die Dienststelle des „Generalbevollmächtigten für das Kraftfahrwesen", kurz GBK genannt, eingerichtet. Ziel dieser neuen Einrichtung war die Typenreduzierung und Produktionssteigerung innerhalb der Deutschen Automobilindustrie bereits in Friedenszeiten und bei zivil genutzten Fahrzeugen. Ihr Leiter wurde der Oberst im Generalstab Adolf von Schell. Bei den Lastwagen erfolgte in den einzelnen Nutzlastklassen die Festlegung von Grundbautypen, die dann von Nachbaufirmen mitproduziert werden sollten. Vorgesehen waren:

Oben: Der Lo 2000 ist der erste in Serie gebaute leichte Lastwagen mit Dieselmotor

Unten: Der Geländelastwagen G3a fand bei der Reichswehr und bei der Reichsbahn dankbare Abnehmer

1,5 Tonner: Borgward, Daimler-Benz, Opel, Phänomen und Steyr.
3 Tonner: Borgward, Daimler-Benz, Opel, Ford und eine Konstruktion eines Gemeinschaftsbüros, an dem die Firmen Klöckner Deutz Magirus und Tatra beteiligt waren.
4,5 Tonner: Büssing-NAG, eine Gemeinschaftskonstruktion von Daimler-Benz und Gräf & Stift, eine Gemeinschaftskonstruktion von Klöckner Deutz, MAN und Österr. Saurer sowie Henschel
6 Tonner: Büssing-NAG, Vomag und eine Gemeinschaftskonstruktion von Faun, Fross-Büssing, Krupp und MAN.
In annehmbaren Stückzahlen kamen die Fahrzeuge folgender Hersteller dann tatsächlich im Schell-Programm zur Produktion:
1,5 Tonnen: Opel-Blitz, Phänomen Granit, Steyr
3 Tonnen: Borgward, Daimler-Benz, Ford V 8, Klöckner-Deutz-Magirus, MAN
4,5 Tonnen: Büssing-NAG, Daimler-Benz, MAN
6 Tonnen: Daimler-Benz, Krupp, MAN, Vomag.
Im März 1939 wurde die Achslast auf maximal 9 Tonnen und das Fahrzeug-Gesamtgewicht auf 14 Tonnen festgelegt.

Die Daimler-Benz-Nutzfahrzeugproduktion 1930–1939 (Stück)

1930	2105
1931	1974
1932	1595
1933	3520
1934	5617
1935	8459
1936	9218
1937	12367
1938	15025
1939	15694

Die Lastwagentypen von 1930 –1935/36

Der L 300 mit 0,3 Tonnen Nutzlast wurde zwischen 1932 und 1935 gebaut. Er war ein Kastenwagen auf der Basis des Typs 170. Mit seinem 2-Liter-Sechszylinder-Benzinmotor hatte er 30 PS und erreichte 90 km/h.
Der L 1000, jener 1 Tonner-Kleinlastwagen aus den 20er Jahren (im vorigen Kapitel ausführlicher beschrieben), erlebte seine Blütezeit zwischen 1930 und 1936.

Der Lo 2000 war bei seinem Erscheinen 1932 ein Meilenstein in doppelter Hinsicht. Er verhalf Daimler-Benz zu dem dringend benötigten Absatzerfolg in schwerer Zeit und öffnete dem Dieselmotor die Tür zum Erfolg auch in kleinen Nutzfahrzeugen. Unverändert wurde er bis 1937 gebaut. Sein Vierzylindermotor OM 59 bildete zudem die Basis für den späteren OM 65 und den daraus abgeleiteten Sechszylinder OM 67, dessen Ableitungen und Weiterentwicklungen bis in die 80er Jahre zu verfolgen sind. Da Dieselmotoren damals etwas besonderes waren, wurden alle so motorisierten Lkw vom Werk mit einem großen verchromtem Stern auf dem Kühlergitter gekennzeichnet, dessen unterer Rand von dem Namenszug Diesel durchbrochen wurde.
Der 2 Tonner konnte mit einem 3,8-Liter-Vierzylinder-Benzinmotor mit 55 PS oder mit einem Dieselmotor gleichen Hubraums und Leistung bestellt werden. Der Benziner war 75 km/h, der Diesel 65 km/h schnell. Aufgrund der überragenden Wirtschaftlichkeit war der Diesel der Leader der Verkaufshitliste. Die bis 1937 gebauten Fahrzeuge waren als Pritschenwagen, Kastenwagen und Omnibus, ab 1934 sogar als Sattelsschlepper lieferbar.
Der Lo 2500 war zwischen 1932 und 1937 die um 0,5 Ton-

Der L1000 als Landpostwagen

Der L1500 mit 45 PS-Benzinmotor

nen Nutzlast angehobene Version des 2 Tonners. Bei gleicher Motorisierung verfügte er über einen verstärkten Rahmen und Reifen sowie eine 5 km/h niedrigere Höchstgeschwindigkeit. Im Omnibus hatten beide Motoren 10 PS mehr Leistung.

Der Lo 2750/3000 war zwischen 1933 und 1935 der klassische 3 Tonner des neuen Programms, der als Sattelschlepper und als Omnibus geliefert wurde. Sie waren genau wie die beiden kleineren Typen mit Benzin- und Dieselmotor lieferbar. Die Motoren erhielten durch die Vergrößerung von Bohrung und Hub gegenüber den 2- bis 2,5 Tonnern einen Hubraum von 4,9 Litern und eine Leistung von 65 PS beim Benziner und 60 PS beim Diesel. Die erreichbare Geschwindigkeit von 50 km/h war für beide gleich.

Der Lo 3500 führte zwischen 1933 und 1935 von seiner Konstruktion und Motorisierung zum schwereren Lastwagen, die in späteren Jahren bei 5 Tonnen und mehr enden sollte. Bei ihm wurden Benzin- und Dieselmotoren mit sechs Zylindern eingebaut, deren Basiskonstruktion auf die Vierzylinder der 2- bis 3 Tonner zurückgeht. Beide leisteten mit ihren 7,4 Liter-Sechszylindermotoren 95 PS und erreichten 60 km/h. Für verschieden lange Pritschen waren zwei Radstände lieferbar sowie eine Sattelschlepperausführung.

Der L 5000, durch seine Typenbezeichnung als 5 Tonner ausgewiesen, ging in der zwischen 1930 und 1932 gebauten Version noch auf den L 5 der 20er Jahre zurück. Sie wurden noch mit Vollgummi- oder Luftreifen geliefert. Der Kunde durfte zwischen einem Sechszylinder-Benzinmotor mit 7,8 Litern und 110 PS oder einem Dieselmotor mit 8,6 Litern Hubraum, gleicher Zylinderzahl und 85 PS wählen. Beide konnten bis zu 40 km/h schnell sein.

Der L 2000 wurde nur von 1930 bis 1932 gebaut

Ab 1932 kam eine Neukonstruktion in den Handel, die nur ein Jahr gebaut wurde. Bis auf die Typenbezeichnung, die Zahl der Zylinder und der Nutzlast hatte sie nichts mit dem Vorgänger gemein. Dieser L 5000 war ebenfalls mit einem Benzin- oder Dieselmotor lieferbar. Beide Motoren waren weiterentwickelt worden. Sie erhielten einen größeren Hubraum mit jetzt 9,5 Litern, der beim Benziner und Diesel identisch war. Auch die Leistung war mit 110 PS und die erreichbare Geschwindigkeit mit 50 km/h bei beiden gleich.

Ab 1934 wurde der Hubraum beider Motoren nochmals auf jetzt 10,3 Liter angehoben, die Leistung betrug jetzt für Benziner und Diesel 120 PS. Erreicht wurden 52 km/h; wichtiger war das gestiegene Drehmoment. Mit größerer Bereifung konnten auch zwischen 5 und 6 Tonnen Nutzlast erreicht werden. Lieferbar war auch ein Kipper. Gebaut wurde der L 5000 bis 1936, dann wurde er vom legendären L 6500 abgelöst.

Zwischen 1930 und 1932 verkörperte der L 8500 als Dreiachser mit 8,5 Tonnen Nutzlast die Spezies der Saurier auf den Straßen des Deutschen Reiches, aussterbend, aber imposant. Zunächst wurden, wie beim 5 Tonner L 5000, der 110 PS-Benzin- oder der 85 PS-Dieselmotor eingebaut. Letzterer ging noch auf den Urmotor OM 5 zurück.

Ab 1934 lief die Motorisierung nicht mehr synchron mit dem zweiachsigen 5 Tonner. Bei dem dreiachsigen 8,5-Tonner, er war auch mit einem Niederrahmen-Fahrgestell als Pritschenwagen zu haben, wurde ausschließlich der neukonstruierte Dieselmotor mit 150 PS Leistung eingebaut. Durch die Vergrößerung von Bohrung und Hub war sein Hubraum auf 12,5 Liter gewachsen.

Der L 300 ist ein 170 Kastenwagen mit 300 kg Nutzlast

Die Lastwagentypen von 1935/36–1939

Äußerlich wiesen die Lastwagen dieses Abschnitts ab 1938 ein neues Fahrerhaus auf, das durch seine runderen Kanten eine zeitgemäße Linienführung aufwies und vor allem eine reine Ganzstahlkonstruktion war. Dieses Design wurde im Prinzip bis zum Ende der 50er Jahre beibehalten und dann erst durch die Kurzhaubergeneration abgelöst. Lediglich Details wie z. B. Ausstellfenster kamen hinzu.

Einen 0,35 Tonner gab es offiziell nicht im Daimler-Benz Programm jener Jahre. Trotzdem war er präsent. Der 170 V Kasten-Lieferwagen, den es ab 1937 zu kaufen gab, hatte eine Nutzlast von 0,35 Tonnen und war als kleinstes Nutzfahrzeug der Nachfolger des L 300. Mit seinem 38 PS starken Vierzylinder-Benzinmotor war der auf dem gleichnamigen Pkw aufbauende Transporter bis zu 108 km/h schnell und für die damalige Zeit als Nutzfahrzeug eine Rakete. Der „Blitz“ war für die hessische Konkurrenz Opel geschützt, auch wenn er über die Hintertür des Krieges noch einen dramatischen Einzug in die heiligen Hallen bei Daimler-Benz halten sollte. Doch diese Geschichte wird später erzählt.

Der L 1100 war eine Neukonstruktion und löste den L 1000 aus den 20er Jahren ab. Gebaut wurde er von 1936 bis 1941. Im Gegensatz zum Vorgänger waren für den 1,1 Tonner je ein Benzin- und Dieselmotor lieferbar. War das Fahrzeug an sich eine reine Nutzfahrzeugkonstruktion, so bediente man sich bei der Motorisierung bei den Personenwagen. Als Benzinmotor kam der 2,3 Liter-Sechszylinder aus dem PKW-Typ 230 mit auf 45 gedrosselten PS zum Einbau, als Dieselmotor war es der 2,6 Liter Vierzylinder aus dem 260 D mit 45 PS der dort den ersten seri-

Lo 2500 mit 2,5t von 1932–1937

Der Typ „Lex“ wurde ausschließlich für den Export gebaut

Der 170V, das kleinste Nutzfahrzeug ab 1936

enmäßigen Personenwagen mit Dieselmotor antrieb. Beide Motorisierungsversionen konnten 80 km/h erreichen. Mit kürzerem Radstand gab es den Krankenwagen L 1100 E.

Der L 1500 war nichts anderes als eine aufgelastete Version des L 1100. Bei gleicher Motorisierung verfügte er zunächst über eine längere Pritsche sowie eine größere Reifendimension als der L 1100. Ab 1938 erhielt der L 1500 einen längeren Radstand, der anstelle der 2,50 Meter-Pritsche eine 3 Meter-Pritsche zuließ. Die Produktion endete 1941. Der L 1500 wurde von der Reichspost als Nachfolger des L 1000 als Landpostkraftwagen eingesetzt.

Der L 2000 war ein leichter, stark motorisierter 2 Tonner. Sein 3,2 Liter Sechszylindermotor stammte aus dem Personenwagentyp 320 und war im Lkw auf 65 PS gedrosselt worden. Ab 1938 wurde der Radstand verlängert, der jetzt eine 3,50 Meter-Pritsche erlaubte. Die Produktion endete 1940.

Der L 2500 ab 1937 hatte einen auf 4,6 Liter Hubraum vergrößerten Vierzylindermotor erhalten. Eine 10 Millimeter größere Bohrung war für den Hubraumzuwachs verantwortlich. Dieser 2,5 Tonner war mit Benzin- oder Dieselmotor, beide mit 60 PS, lieferbar und erreichte eine Geschwindigkeit von 65 bzw. 60 km/h. Im Omnibus hatten diese Motoren eine um 10 PS höhere Leistung. Ab 1938 erhielt auch der L 2500 das neue Fahrerhaus.

Der Typ „LEX“ war eine Rarität im Lastwagenprogramm der Daimler-Benz AG und wurde von 1936 bis 1941 gebaut. Dieser Export-Typ war im Inland unbekannt. Für den harten Einsatz im außereuropäischen Bereich hatte er den robusten Vierzylindermotor mit 70 PS aus dem 3 Tonner erhalten. Das Fahrgestell war ebenfalls verstärkt worden, für unwegsames Gelände war auch hinten Einzelbereifung montiert.

Der L 3000 war die Antwort von Daimler-Benz auf die rapide an Bedeutung gewinnende Klasse der 3 Tonner, die von Opel mit dem erfolgreichen Opel Blitz beherrscht wurde, in der aber auch Ford mit seinen beiden Typen mit dem BB-Motor mit vier Zylindern und dem V 8 Motor sowie Borgward mit seinem hervorragenden 3 Tonner eine bedeutende Rolle spielten. Zunächst ausschließlich für den zivilen Markt vorgesehen, wurde er im Zuge des Schell-Programms überarbeitet und den Erfordernissen militärischer Verwendung angepaßt. Dazu gehörten eine erhöhte Bodenfreiheit und größeren Böschungswinkel sowie für den Käufer Steuerbegünstigung beim Kauf eines solchen Lastwagens. Die zunächst lieferbaren zwei Radstände wurden im Zuge des Schell-Programms auf einen, nämlich den kürzeren, reduziert. Die S Type war

Der L 3000 S nach dem Schell-Programm von 1939–1945

L3000 von 1936–1939

L3000 mit Gaserzeuger für Kohle

LG 3000 Militärlastwagen

L 5000 von 1934–1936

zweiradangetrieben und wurde als geländefähig eingestuft, die Allradversion als geländegängig. Beide wurden bis 1944 gebaut und durch den Opel Blitz abgelöst. Im Laufe der Zeit wurde die Motorleistung des Vierzylinder-Dieselmotors von 70 über 75 bis auf 80 PS gesteigert. In der Anfangszeit war auch noch ein Benzinmotor mit 80 PS lieferbar. Die erreichbare Geschwindigkeit wurde mit 70 km/h angegeben.

Der Lo 3750 war aus dem Lo 3500 weiterentwickelt worden. Wie dieser war er mit dem 95 PS leistenden Benzinmotor und mit dem in der Leistung auf 100 PS gesteigerten Dieselmotor lieferbar. Ab 1937 erhielt er das Ganzstahlfahrerhaus und hieß dann L 3750. Die erreichbaren 62 km/h waren damals Standard in dieser Klasse.

Der L 4500, 1939 vorgestellt, war die nächste Evolutionsstufe. Äußerlich unterschied er sich zunächst kaum von seinem Vorfahr, hatte aber eine höhere Nutzlast und mit 120 PS eine deutlich höhere Leistung. In Anpassung an die Vorgaben des Schell-Programms steuerbegünstigter Lastwagen erhielt er dann schnell das gedrungen bullige und weithin bekannte Aussehen, hervorgerufen durch die kurzen Überhänge und die größere Bodenfreiheit. An der Motorleistung von 120 PS änderte sich zunächst nichts.

Der L 6500 war der Prototyp des Schwerlastwagens für den Güterfernverkehr in jenen Jahren. Neben ähnlich konzipierten Fahrzeugen des Wettbewerbs wie z. B. Büssing, Magirus, MAN und Vomag sind sie, im heute verklärten, aber getrübten Rückblick beeindruckende Monumente rührseliger Fernfahrerromantik. Diese Boliden zu bewegen war schwerste Knochenarbeit und erforderte Kraft in heute nicht mehr vorstellbarem Maße. Servolenkung – Fehlanzeige, Heizung – Fehlanzeige, Klimaanlage – was soll denn das sein?, Synchrongetriebe – um Gottes Willen. Drehen ließen sich die Lenkräder im Stand nicht, bei langsamem Rangieren nur zentimeterweise und beim Fahren nur mit viel Kraft. Bei der Hitze und dem Dieselgestank im Fahrerhaus war im Sommer ein freier Oberkörper der Dienstanzug schlechthin, im Winter wurde man von vorne gegrillt. Das Bremsen und Schalten des Achtganggetriebes mit seinen zwei Schalthebeln mußte man können, es erforderte Begabung, Kraft und Einfühlungsvermögen. Und das alles Tag und Nacht, der Termindruck war wie heute hart und mörderisch. Die Fahrzeuge aber waren langsam, die Straßen unzulänglich ausgebaut, die Bremsen herzlich schlecht, und Autobahnen gab es nur ansatzweise.

Der L 6500 war bis 1938 in zwei Leistungsstufen lieferbar. Das war zunächst der 10,3 Liter große 120 PS-Motor des Vorgängers. Wahlweise bestand die Möglichkeit, einen

Der LK 6500 von 1939 war der schwerste Kipper seiner Zeit

12,5 Liter-Motor mit 150 PS zu ordern. Ab 1938 wurde dieser Motor durch einen 11,2 Liter-Motor gleicher Leistung ersetzt. Zunächst gab es nur die Radstandslänge mit 5100 Millimetern. 1937 wurden drei Längen mit 4650, 4900 und 5100 Millimeter offeriert, 1938 die Längen 4350, 4650 und 5100 und ab Mitte 1938 die Längen 4350 und 5100 Millimeter. Beim Betrieb mit zwei Anhängern verkürzte sich die Pritschenlänge beim Radstand 5100 Millimeter von 6000 auf 5750 Millimeter. Die Vierganggetriebe konnten wahlweise mit je einem zuschaltbarem Berg- oder Schnellgang bestellt werden, so daß acht Schaltstufen zur Verfügung standen. Diese Schaltstufen wurden mit einem separaten Schalthebel geschaltet. Der Fahrer hatte also zwei Getriebeschalthebel zu bedienen. Die erreichbaren Geschwindigkeiten lagen je nach Wahl des Getriebes zwischen 55 und 60 km/h.

Der L 10000 oder Lo 10000, wie er bis 1936 noch genannt wurde, war als Dreiachser mit 10 Tonnen Nutzlast einer der letzte Dinosaurier des Straßenverkehrs in Deutschland. Ähnliche Boliden gab es noch von Büssing, Faun, Henschel, MAN und Vomag. Zwischen 1935 und 1938 wurden die beiden Hinterachsen von dem 12,5 Liter 150 PS-Motor angetrieben, ab 1938 bis 1941 wurde dann der 11,2 Liter-Motor gleicher Leistung eingebaut. Vorgesehen war auch ein 200 PS starker 14,3 Liter-Motor. Dieses Kraftpaket kam nur noch in einem Prototyp für die BVG zum Einbau. Aufsehen erregten auch die Omnibusversionen sowie die auf deren Basis aufbauenden Kraftpostkurswagen zur Nachtpostbeförderung. Die Schaltbox entsprach als Vierganggetriebe plus je einem zuschaltbarem Schnellgang im Prinzip dem des L 6500. Die Achsübersetzung der beiden angetriebenen Hinterachsen war so gewählt, daß eine Geschwindigkeit von 75 km/h im Schnellgang erreicht werden konnte.

Der dritte Abschnitt von 1929–1939

G 3 und G 3a waren das Ergebnis einer Ausschreibung für einen 1,5 Tonner-Geländelastwagen Ende der 20er Jahre, an dem sich Daimler-Benz, Büssing-NAG und Magirus beteiligten. Diese Lastwagen hatten nicht nur äußerlich große Ähnlichkeit, sie waren sich auch von ihrem technischen Konzept her mit ihren beiden angetriebenen Hinterachsen und der sogenannten „Morris-Pritsche“ ähnlich. Sie wurden aber auch mit anderen militärspezifischen Aufbauten versehen. Alle Fahrzeuge zeichnete eine erstaunliche Robustheit aus. Zum Zuge kamen alle drei Anbieter. Daimler-Benz lieferte bis 1938 fast 2800 Einheiten der Typen G 3 und G 3a. Angetrieben wurden der G 3 von einem 3,5 Liter- und der G 3a von einem 3,7 Liter-Sechszylinder-Vergasermotor, abgeleitet aus den jeweiligen Pkw-Motoren des Typs Mannheim. Gebaut wurden diese Militärlastwagen zunächst in Untertürkheim und von 1934 bis 1938 auch in Berlin-Marienfelde.

Der LG 3000 war der unmittelbare Nachfolger des G 3a und wurde schwerpunktmäßig im Werk Berlin-Marienfelde gebaut. Mit fast 3 Tonnen Nutzlast gehörte er der nächst größeren Kategorie an. Das Antriebskonzept war identisch. Der größte Unterschied bestand im Antriebskonzept. Der LG 3000 hatte einen 7,4 Liter großen Sechszylinder-Dieselmotor mit 95 PS. Er wurde von der Deutschen Wehrmacht als Interimstyp bis zum Einsatz des von ihr konstruierten „Einheitsdiesels" benötigt.

Dieser „Einheitsdiesel" wurde in Berlin-Marienfelde in einer Stückzahl von 544 Stück gebaut. Der Schwerpunkt dieser Fertigung lag bei den Firmen Borgward, Büssing-NAG, Faun, Magirus, MAN und Henschel.

Die Typen LG 2000, LG 2500 LG 3000a und LG 4000 waren Versuchskonstruktionen mit der Zielrichtung militärischer Verwendbarkeit. Sie hatten je nach Nutzlastklasse Vierrad-, Sechsrad- oder Achtradantrieb. Produziert wurden geringe Stückzahlen der Typen LG 2500 und LG 4000. Der LG 2500 wurde als Omnibus von der Reichspost auf Gebirgsstrecken in den Alpen eingesetzt.

Ab 1934 wurden für das Militär in Berlin-Marienfelde Halbkettenzugmaschinen der verschiedenen Typenstufen vom DB s7 bis DB 10 gebaut. Alle wurden zum großen Leidwesen der Daimler-Benz-Verantwortlichen von Maybach-Motoren angetrieben. Dies war eine Forderung der Deutschen Wehrmacht, die mit diesen Triebwerken gute Erfahrungen gemacht hatte und dementsprechend zufrieden war.

Daimlers Flaggschiff – der L10000 von 1935–1939

XZ - 6201

Kriegschaos und Phönix aus der Asche 1940–1960

Die Kriegsjahre bedeuteten für die Lastwagenproduktion bei Daimler-Benz eine Zäsur, die fast einem antiken Drama gleichkommt. Sie ist in der deutschen Automobilgeschichte einmalig. Mittelpunkt war der 3 Tonner Opel-Blitz, der von Daimler-Benz ab 1944 nachgebaut werden mußte unter Aufgabe des eigenen Produkts, des L 3000. Genau aber dieser Opel Blitz wurde nach dem Krieg die Grundlage für einen neuen Diesel-Lastwagen von Daimler-Benz, den L 3250/3500, der dann zum Ausgangspunkt für die weltweit führende Stellung der Untertürkheimer auf dem Lastwagenmarkt avancierte.

Ironie der Geschichte: Auf Geheiß der Mutter General Motors mußte Opel den lukrativen Markt der 3 Tonner, in dem Opel nach dem Krieg die führende Stellung hatte, der Konkurrenz, hier vornehmlich Daimler-Benz, überlassen. Detroit und die Rüsselsheimer hatten keinen wettbewerbsfähigen Dieselmotor und beschäftigten sich auch nicht mit der Entwicklung von Dieselmotoren. Nicht genug, daß man den Markt der 3 Tonner kampflos

12 t-Halbkettenzugmaschine Typ DB 10 mit Maybachmotor für die Wehrmacht

preisgab, in der Folge verlor Opel auch den von den Rüsselsheimern einst dominierten Markt der 1,5 Tonner. Doch die gesamte Entwicklung verlief nicht geradlinig und wurde von vielen Höhen und Tiefen sowie menschlichen Tragödien begleitet.

Das Jahr 1940 verlief noch relativ friedensmäßig. Bei Daimler-Benz wurden noch alle wichtigen Typen des Jahres 1939 weiter gebaut. Zwar hatte Hitler schon 1939 einen leichten und billig zu bauenden 3 Tonner-Lastwagen in großen Stückzahlen gefordert – sein Vertrauter, Dr. Fritz Todt, hatte ihm den Opel Blitz empfohlen. Aber Hitlers Rüstungsplanung entsprach nicht straff geführten, langfristig angelegten Programmen. Das änderte sich erst unter dem Rüstungsminister Albert Speer. Aber die konkurrierenden Programme, die mal Lokomotiven, mal Panzer, mal Jäger in das Zentrum der Bemühungen und Prioritäten setzten, waren auch immer auch mit der Zuteilung von Arbeitskräften, Lebensmitteln, schwer zu beschaffenden Rohstoffen sowie Werkzeugmaschinen verbunden. Rückblickend ist es deshalb zu kurz gegriffen, die Verzögerung beim Produktionsanlauf des 3 Tonners Opel Blitz bei Daimler-Benz im Werk Mannheim zwischen Januar 1943 und August 1944 ausschließlich auf eine Verweigerungshaltung bei Daimler-Benz zurückzuführen. Tatsache ist allerdings auch, daß bei den beiden Firmen Borgward und Daimler-Benz nicht gerade Begeisterung herrschte, ein Konkurrenzprodukt anstelle des eigenen Produktes bauen zu müssen.

Was bei den Lizenzproduktionen von Lokomotiven, Flugmotoren, Panzermotoren, Panzern und Halbkettenzugmaschinen relativ reibungslos funktionierte, traf hier die Kernkompetenz und Identität der einzelnen Firmen, es schaffte Widerstände. Ein wichtiges Argument für den Opel Blitz war, daß er fast eine Tonne leichter war und für das Kontingentsgewicht (ergibt sich aus der Summe damals kontingentierter Rohstoffe) von drei Opel Blitz nur zwei Mercedes-Benz L 3000 gebaut werden konnten. Praktiker attestierten darüber hinaus dem Opel Blitz im harten Kriegsalltag größere Robustheit.

Das Jahr 1941 zeigte ein deutlich ausgedünntes Produktionsprogramm. Aber in der Klasse der 1,5 Tonner hatte Daimler-Benz ein neues Fahrzeug geschaffen, dessen Produktion angelaufen war und das erstaunlicherweise im Schell-Programm nicht vorgesehen war. In Serie ging ebenfalls der 1939 vorgestellte neue 4,5 Tonner. Beide Fahrzeuge bewährten sich außerordentlich gut. Die größten Stückzahlen brachte jedoch nach wie vor der 3 Tonner Diesel. Trotz des permanenten Drängens von Generaldirektor Wilhelm Kissel war es nicht gelungen, die

L 3000 A – 3t-Pritschenwagen in Wehrmachtsausführung

Neukonstruktion des neuen leichteren 3 Tonners mit Dieselmotor produktionsreif zu machen.
Das Jahr 1942 brachte deutliche Einschnitte. Ein Regierungserlaß verfügte, daß Flüssig-Kraftstoff nur für Flugzeuge, Panzer und Lastwagen an der Front zur Verfügung stehen sollte. Für den Rest war nur noch der Generatorbetrieb erlaubt. Dafür wurde eine Zentralstelle für Generatoren geschaffen. Unvorbereitet traf dies die Daimler-Benz AG nicht. Bereits seit 1938 bot Daimler-Benz Gaserzeuger für Lastwagen an, die für den Betrieb mit Holzkohle, Torfkoks, Schwelkoks und Anthrazit geeignet waren. Zwischen 1941 und 1944 baut Daimler-Benz ca. 13600 Generatoren.
Generaldirektor Wilhelm Kissel, der noch Mitte 1942 vehement versucht hatte, den eigenen, neuen leichten 3 Tonner anstelle des Opel Blitz zu bauen, stellte resignierend fest: „daß wir uns der Groß-Produktion des 3 to Opel zuwenden müssen, weil unser derzeitiger 3 Tonner zu schwer ist und unser neuer leichter 3 Tonner-Diesel noch nicht in Groß-Produktion aufgenommen werden kann." Auch eine Unterredung Kissels mit Speer Anfang Juni 1942 ändert an diesem Sachverhalt nichts mehr, so daß Kissel nichts anderes übrig blieb, als alle Maßnahmen einzuleiten, um ab Januar 1943 im Werk Mannheim die Lizenzproduktion des Opel Blitz aufzunehmen.
Mit der Verfügung Albert Speers vom 22. Juni 1942 wurde festgelegt welche Lastwagentypen von welchen Firmen gebaut werden dürfen:
1,5 Tonner Lkw von Steyr Nachbauwerke: Auto-Union, Phänomen-Werke Gustav Hiller und Steyr-Daimler-Puch
3 Tonner Lkw Opel Blitz: Borgward und Daimler-Benz
4,5 Tonner Lkw: Büssing-NAG, Daimler-Benz, MAN und Saurer Wien sollen einen einheitlichen Lastwagen bauen.
Daß auch im Dritten Reich nichts so heiß gegessen wie es gekocht wurde, zeigt die Tatsache, daß Daimler-Benz und Phänomen ihre eigenen 1,5 Tonner bauten, Ford und Klöckner-Humbold-Deutz den eigenen 3 Tonner sowie bei den 4,5 Tonnern Büssing, Daimler-Benz und MAN ihre eigenen Typen bis 1945 produzierten.
Kurz darauf starb Wilhelm Kissel am 18. Juli 1942. Als Gründe für seinen Tod werden bis heute der Verlust seines Sohnes in Rußland und die „Schmach", den Opel Blitz nachbauen zu müssen, angegeben. Beides hatte er nicht verwunden.
Sein Nachfolger Wilhelm Haspel hatte zum Thema 3 Tonner Mitte 1942 ebenfalls resignierend bemerkt: „... daß es bei den durch den Krieg gegebenen Verhältnissen keinen anderen Weg geben wird, als den 3 Tonner Opel nachzubauen. Wir müssen uns in die Groß-Produktion des 3 Ton-

Der L 3000 A in Wehrmachtsausführung

Nachbau Opel-Blitz 3 Tonner – der L 701

Der L 1500 S als leichtes Löschgruppen-Fahrzeug

ners einschalten, um auch für die Zeit nach Kriegsende in der Fahrzeug-Produktion zu bleiben; denn wenn wir einmal aus dieser herausgekommen wären, würde es schwer sein, sie einstmals wieder auzunehmen."

Mitte August 1942 unterzeichnen die Adam Opel AG und die Daimler-Benz AG den Nachbauvertrag. Daimler-Benz zahlt an die Adam Opel AG als Lizenzgebühr eine Pauschale von 800 000 Reichsmark. Die Entwicklung am eigenen neuen 3 Tonner mußte eingestellt werden. Von Opel wurden dann später hauptsächlich Kühlerkerne, Ventile, Vergaser und Kraftstoffpumpen neben anderen Kleinteilen bezogen, ab August 1948 dann auch das Ganzstahlfahrerhaus, welches das „Wehrmachtseinheits-Fahrerhaus" ersetzte. Die Herstellung der Motoren für die Mannheimer Produktion erfolgte in Mannheim.

1943 baute Daimler-Benz nur noch drei Lastwagentypen, den L 1500 in Untertürkheim, den L 3000 in den Werken Gaggenau und Mannheim und den L 4500 in Gaggenau. Von diesem wurden neben 100 Omnibussen auch noch 594 „Maultiere" gebaut. Das „Maultier" war eine Variante des L 4500. Zur besseren Geländegängigkeit war anstelle der Antriebsräder das Kettenlaufwerk des Panzers II eingebaut.

Im Januar beschloß die Reichsregierung, aus Gründen der Rohstoffersparnis bei Lastwagen nur noch das Einheitsführerhaus aus Preßstoff zuzulassen. Bei ihm waren die Scheiben und Türen jederzeit gegeneinander austauschbar. Das Einheitsfahrerhaus wurde für alle Lastwagen von 1,5 bis 4,5 Tonnen vorgesehen. Winker und Scheinwerfer und später auch die hinteren Kotflügel entfielen bei Neufahrzeugen, gestattet waren nur noch Positionslampen und Tarnscheinwerfer. Da aber Transportaufgaben auch bei Dunkelheit durchzuführen waren, wurden bis zum Schluß Scheinwerfer verbaut. Aber diese Leuchten waren von ihrer Lichtausbeute her nicht mehr weit von der bei Positionslampen entfernt.

1944 war das Jahr des Rüstungswunders des Albert Speer, mit dem auch auf der Seite der Allierten niemand mehr gerechnet hat. Den Lastwagenbereich betraf dies jedoch nicht: Bei Daimler-Benz wurde nur noch die bescheidene Stückzahl von 139 Stück L 1500 gebaut. Bei den 3 Tonnern waren es 1914 Stück des L 3000. Ab dem 20. Juli lief nun im Werk Mannheim endlich die erwartete Produktion des L 701, wie der Opel Blitz bei Daimler-Benz hieß, an. Dies war insofern ein Glücksfall, als am 6. August 1944 das Opel Werk Brandenburg, in dem der 3 Tonner Opel Blitz entstand, durch einen äußerst präzisen Bombenangriff total zerstört wurde. Somit war Daimler-Benz der einzige Produzent dieses wichtigen Lastwagens. Bombardements auf Mannheim behinder-

Der L 4500 S nach dem Schell-Programm

Der L 4500 S mit Holzgaserzeuger

Der L 4500 A mit Einheitskoffer der Wehrmacht

Der L 4500 „Maultier" mit Kettenantrieb

ten die Produktion zwar, legten sie auch kurzfristig still, zu einem Totalausfall kam es jedoch nie. Der Ausfall des Opel-Werks Brandenburg hatte für Daimler-Benz eine gute Seite. Man kam nun in den Genuß dringend benötigter, aber seltener Materiallieferungen.
Neben der Blitz-Produktion in Mannheim lief die Fertigung in Gaggenau weiter – dort wurden der L 4500, die Ausführung „Maultier“ und einige Omnibusse gebaut.
Das Jahr 1945 brachte bis zum Kriegsende im Mai 1945 nur noch geringe Stückzahlen. Die Lähmung des gesamten Verkehrswesens durch Bombardements und Tieffliegerangriffe ließ keine geregelte Produktion mehr zu. Es herrschten chaotische Verhältnisse. Ford in Köln produzierte nach der Befreiung durch die Amerikaner auf der linken Rheinseite schon wieder, als rechtsrheinisch von der Wehrmacht noch das deutsche Vaterland verteidigt wurde. Nach der Kapitulation der Deutschen Wehrmacht am 8. Mai 1945 lag ein Großteil der Deutschen Industrie in Schutt und Asche. Büssing begann mit seiner Produktion unter freiem Himmel. In den Werken Mannheim und Gaggenau von Daimler-Benz konnte neben den Aufräumarbeiten eine bescheidene Produktion anlaufen. Die Gaggenauer Produktion wurde zunächst von der Französischen Besatzungsmacht in Anspruch genommen. In den Werken Untertürkheim und Sindelfingen wurden keine Fahrzeuge mehr produziert.

Der L 4500 als abgespeckter Prospektstar 1947

Die Nutzfahrzeugproduktion der Jahre 1940–1945 (Stück)

1940	14683
1941	14187
1942	14552
1943	11375
1944	8559
1945	1037

Die Jahre 1946 bis zur Währungsreform 1948 waren geprägt durch den Mangel an buchstäblich allem, was zur Produktion von Fahrzeugen wichtig ist. Das Nutzfahrzeugprogramm der Daimler-Benz AG wurde bis Mitte der 50er Jahre von einem Zweisäulenprogramm charakterisiert, nachdem die Produktion des erfolgreichen L 1500 in Untertürkheim nicht mehr aufgenommen wurde. Diese Säulen symbolisierten das Mannheimer Programm des zunächst gebauten L 701 (Opel Blitz) und dessen Nachfolger L 3250/3500 mit seinen Ableitungen, sowie das Gaggenauer Programm mit dem L 4500 und dessen Weiterentwicklungen. Zahlreiche Stromabschaltungen in den eisig kalten Wintern 1945/46 und 1947/48 führten nur zu bescheidenen Produktionsergebnissen. Zwischen Januar und März 1947 mußte Büssing wegen Strommangel seien Tore schließen, MAN die Arbeitszeit reduzieren. Aber auch für die in einem zerstörten Land nach Fahrzeugen lechzende Wirtschaft war es unmöglich, sich einfach einen Lastwagen zu kaufen. Die raren Transportmittel wurden nur gegen Bezugsscheine zugeteilt. Reifen mußten von den Kunden selbst beschafft werden. Erst ab der Währungsreform und dem Anlaufen des Marschallplans besserten sich die allgemeinen Verhältnisse allmählich.

Als kleine Lastentransporter spielten zwischen 1946 und 1952 der in Untertürkheim gebaute 170 V, ab 1951 der 170 D, als Pritschen- und Kastenwagen eine Rolle.

Der „nackte“ L 4500 der letzten Kriegs- und Nachkriegsjahre

Neben dem Wiederaufbau der Produktion lag der besondere Schwerpunkt auf einem zeitgemäßen Lastwagen-Programm. Dazu gehörte die Entwicklung des schon in den 40er Jahren begonnenen leichten 3 Tonner-Diesellastwagens. Diese Konstruktion wurde nun auf die vorhandenen Produktionsanlagen des Opel Blitz abgestimmt und baute auf diesem Fahrzeug auf. Man hätte es schon 1948 auf den Markt bringen können. Aber die Schwierigkeiten bei der Materialbeschaffung verzögerten die Markteinführung um ein weiteres Jahr. Deshalb war man froh, das Lizenzabkommen mit der Adam Opel AG, zu der ein gutes Verhältnis bestand und der auch die Hälfte der Mannheimer Produktion zur Verfügung stand, um ein weiteres Jahr verlängern zu können. Zu der Festlegung auf den Dieselmotor gehörte ein gewisser Mut, denn auch nach dem Krieg wurde dieser Nutzlastbereich national und international noch eindeutig vom Benzinmotor bestimmt. In Deutschland waren das die schon vor dem Krieg dominierenden Produkte von Ford und Opel. Der Benzinmotor im Lastwagen erlebte seine Götterdämmerung. Dazu leistete der Daimler-Benz-Lastwagen L 3250/3500 einen entscheidenden Beitrag.

Nicht weniger schwierig war die Lage für das Werk Gaggenau. Erst im Sommer 1948 verhalf ein Abkommen mit den französischen Besatzungsbehörden der Daimler-Benz AG, wieder Verfügungsgewalt über ihr Werk zu bekommen. Erleichtert wurde das Ganze ab 1. August 1948 durch den Anschluß der französischen Besatzungszone an die sogenannte „Bizone“, die aus der britischen und amerikanischen Besatzungszone bestand.

Auf der Exportmesse im Mai 1949 in Hannover 1949 konnte Daimler-Benz endlich seinen neuen 3 1/4 Tonner-Lastwagen L 3250 sowie den daraus abgeleiteten Omnibus vorstellen. Sie zeichneten sich durch ein für Dieselfahrzeuge bemerkenswert niedriges Leergewicht und eine für einen Dieselmotor dieser Größe nicht für möglich gehaltene Leistung von 90 PS aus. Gleichzeitig wurde die Nutzlast des 4,5 Tonners aus Gaggenauer Produktion auf 5 Tonnen angehoben, aus dem L 4500 wurde der L 5000 einschließlich eines Omnibusses. Das Notfahrerhaus und die Notkarosserien der letzten Kriegs- und ersten Nachkriegsjahre wurden wieder durch Ganzstahlkonstruktionen ersetzt.

Daß Daimler-Benz in den 50er Jahren den Sprung über die Grenzen in weltweite Lastwagenaktivitäten schaffte und so die Grundlage für das heutige globale Engagement legte, ist zwei Umständen zuzuschreiben. Da war einmal das Produkt, der neue L 3250/L3500. Zum anderen war da der menschliche Faktor in der Person Wilhelm Haspels. Er war als Chef der Daimler-Benz AG ein

Glücksfall für das Unternehmen. Weltoffen, weitsichtig und politisch unbelastet, verbanden ihn zahlreiche Kontakte mit einflußreichen Persönlichkeiten, die über alle Welt verstreut waren. Ihm war klar, daß ein Aufstieg von Daimler-Benz nur auf internationaler Bühne erfolgen konnte, der nationale Rahmen war, das hatte er klar erkannt, für die Zukunft zu eng.

So war es vor allem seinen Initiativen und denen seines Assistenten und späteren Exportvorstands Arnold Wychodil, ein Neffe des bekannten Rennleiters Alfred Neubauer, zu verdanken, daß ab 1952 CKD-Lieferungen nach Argentinien und ab 1954 nach Brasilien und Indien einsetzten. Sie führten dann in der Folge zu eigenen Werken in den beiden südamerikanischen Ländern und zu Lizenzabkommen mit TATA in Indien. Erlebt hat er diesen Erfolg nicht mehr. Er starb plötzlich am 6. Januar 1952 nach einem Neujahrsempfang für leitende Mitarbeiter an einer Gehirnblutung. Sein Nachfolger wurde Heinrich Wagner, den Haspel 1948 von Opel geholt hatte. Wagner, mit seinen Erfahrungen bei General Motors und Opel, war seither für die Lastwagenproduktion in Mannheim und Gaggenau verantwortlich. Doch auch er verstarb plötzlich binnen Jahresfrist und wurde von Fritz Könnecke abgelöst, der bis Ende 1960 Vorstandsvorsitzender war. Unter seiner Ägide wurde 1959 auf Initiative des Großaktionärs Friedrich Flick die Auto Union gekauft.

1950 wurde im Januar der L 3250 zum L 3500 aufgelastet, da Wettbewerber wie Magirus und Borgward 3,5 Tonner anboten. Im Herbst wurde das Gaggenauer Program um einen wichtigen Schwerlastwagentyp erweitert: Ausgehend von dem bewährten 5 Tonner L 5000 wurde der L 6600 mit einem 145 PS-Motor präsentiert. Nachdem die Alliierten die Baubeschränkungen für Allradlastwagen fallen ließen, wurde dem L 3500 der Allradtyp LA 3500 zur Seite gestellt.

Im März 1950 wurde die maximale Achslast für die Einzelachse auf 10,5 Tonnen, bei Doppelachsern auf 14,5 Tonnen angehoben. Das zulässige Gesamtgewicht für Lastzüge betrug nun 40 Tonnen, für Zweiachsfahrzeuge 16 Tonnen und für Dreiachser 22,5 Tonnen.

Im November 1951 erfolgten Änderungen für die maximale Achslast auf 10 Tonnen für die Einzelachse, 16 Tonnen für die Doppelachse. Das Gesamtgewicht für Zweiachser blieb indes bei 16 Tonnen, für Dreiachser wurde es auf 24 Tonnen angehoben. Das Lastzuggewicht änderte sich nicht.

Im Herbst 1952 erhielt der L 5000 ein überarbeitetes Design, das dem L 6600 angeglichen wurde, ohne dessen imposante Erscheinung zu erreichen.

1953 wurde die bewährte Baureihe des 3,5 Tonners L 3500 um die stärkere Nutzlastvariante mit 4,5 Tonnen Nutzlast L/LA 4500 erweitert, die ebenfalls in Mannheim entstand. Der L 5000 aus Gaggenauer Produktion erhielt eine halbe Tonne mehr Nutzlast und hieß jetzt L 5500.

1954 wurde der L 6600 um den Allradlastwagen LA 6600 und Frontlenker LP 6600 erweitert. Ab Herbst gab es neue Typenbezeichnungen. Orientierten sie sich bis dahin an der Nutzlast, so war jetzt die Baureihenbezeichnung maßgebend. Übersichtlicher wurde das Ganze dadurch nicht. Der Motor des L 5500 wurde überarbeitet und hieß jetzt L 325.

1955 rollten zwei neue Lastwagen auf die Produktbühne bei Daimler-Benz, die beide keine unmittelbaren Vorläufer hatten. Auf der IAA im September erblickte der L 407/408 mit Diesel- und Benzinmotor das Licht der Öffentlichkeit. Seine Produktion lief im folgenden Jahr an. Ebenfalls neu war der Unimog S, der als neuer 1,5 Tonner bei der Bundeswehr eingeführt und dort mit den verschiedensten Aufbauten zu einem beliebten und robusten Fahrzeug wurde. Als Exportschlager war ihm eine Karriere auch bei anderen Armeen dieser Welt sicher.

Mit dem Verkehrsfinanzgesetz erhöhte der Bund die Steuern für Schwerlastwagen und Dieseltreibstoff. Mit den Mehreinnahmen von 1,5 Miliarden Mark sollte die defizitäre Bahn saniert werden.

1956 wurde die Leistung des erfolgreichen Duos L3500/4500 auf 100 PS angehoben. Wahlweise gab es Synchrongetriebe. Bei den Schwerlastwagen sorgte der 200 PS starke L/LP 326 für die Abgrenzung des leistungsstarken Bereichs nach oben. Dieser Typ war dringend nötig. Büssing, Kaelble, MAN und Magirus führten schon seit Jahren Fahrzeuge mit bis zu 200 PS in ihren Programmen. Mit dem LG 315 erhielt die Bundeswehr, neben dem MAN 630 L 2 A, einen neuen 5 Tonner Lastwagen. Beide Typen gingen in ihren Ursprüngen auf jeweilige Baumuster der Wehrmacht zurück.

Im März 1956 beschloß die Bundesregierung ein neues Gesetz mit neuen, einschränkenden Vorschriften für Maße und Gewichte beim Lastwagen. Die Achslast wurde auf 8 Tonnen reduziert, die Gesamtgewichte bei Zweiachsern auf 12 Tonnen, bei Dreiachsern auf 18 Tonnen, das Gesamtgewicht des Lastzugs auf 24 Tonnen und die Gesamtlänge auf 14 Meter. Diese Begrenzungen erforderten von der exportorientierten deutschen Nutzfahrzeugindustrie Sondermodelle für den heimischen Markt. Durch die Längenbeschränkung erlebten die Frontlenkerfahrzeuge einen gewissen Aufschwung. Daimler-Benz ließ die Fahrerhäuser für die Schwerlastwagen dieser „LP-Typen“ zunächst bei Kässbohrer und

später bei Wackenhut bauen. Die „Seebohm-Gesetze", benannt nach dem damaligen Verkehrsminister, traten ab 1. Januar 1958 in Kraft. Der Sattelzug, der bis dahin ein Schattendasein führte, war der einzige, der von diesen Gesetzen profitierte. Die steuerliche Benachteiligung aus der Vorkriegszeit entfiel mit der Neuregelung.
1957 wurde die Mannheimer Produktpalette um einen 5,5-Tonner, den L 321, erweitert. Aufbauend auf dem L 3500 hatte er nichts mit dem L 4500 aus Gaggenauer Produktion der Kriegs- und Nachkriegszeit gemeinsam. Ihn gab es als LA 321 mit Allradantrieb und als LP 321 in Frontlenkerausführung. Für den Export wurden einige wenige LG 312 in Militärausführung gebaut. Bemühungen, diesen Typ bei der Bundeswehr als 3 Tonner einzuführen, scheiterten vor allem am Preis. Zum Zuge kam Ford mit seinem 3 Tonner, der wegen seiner Neigung zum Kippen bei den Soldaten den Spitznamen „Nato-Ziege" erhielt.
Ab 1. Januar 1958 traten zum Schutz ders Schienenverkehrs folgende, für das transportierende Gewerbe sehr rigide Gewichtsvorschriften in Kraft (Seebohm-Gesetze): Maximale Achslast für die Einzelachse 8 Tonnen (vorher 10 Tonnen), für die Doppelachse 12 Tonnen (vorher 16 Tonnen), Fahrzeug-Gesamtgewicht für Zweiachser 12 Tonnen (vorher 16 Tonnen), Fahrzeug-Gesamtgewicht für Dreiachser 18 Tonnen (vorher 24 Tonnen), maximales Lastzuggewicht 24 Tonnen (vorher 40 Tonnen). Die Gesamtlänge von Lastzügen wurde auf 14 Meter reduziert, vorher waren 20 Meter erlaubt. Als sinnvoll erwies sich die Festlegung von mindestens 6 PS pro Tonne Gesamtgewicht.
1958 übernahm die Daimler-Benz AG die Auto Union GmbH. Aufgrund der Seebohmschen Verkehrsgesetze wurde nun ein neuer Schwerlastwagen mit zwei gelenkten Vorderachsen, der LP 333, auf den Markt gebracht.
1958/59 wurde die Ablösung der bisherigen Haubenlastwagen mit dem L 322 und L 337 durch eine neue Kurzhauber-Generation eingeläutet, deren durchschlagende Bedeutung mit der Ausdehnung auf das Gesamtprogramm aber erst Anfang der 60er Jahre richtig zum Tragen kam. Die entsprechenden Frontlenkertypen LP gehörten ebenfalls dazu. 1960 wurde aus dem L/LP 337 der L/P 338.
Ab Juli 1960 wurden die „Seebohm-Gesetze" revidiert. Die maximale Achslast der Antriebsachse wurde auf 10 Tonnen, das der Doppelachse auf 14,5 Tonnen angehoben. Somit war als zulässiges Gesamtgewicht für Zweiachs-Lastwagen 16 Tonnen und für Dreiachser 22 Tonnen möglich. Die Lastzuglänge wurde von 14,5 Metern auf 16,5 Meter erhöht.

Die Daimler-Benz-Nutzfahrzeugproduktion 1946–1960 (Stück)

1946	2202
1947	2870
1948	5386*
1949	7209
1950	8446
1951	13226
1952	19818
1953	16685
1954	19094
1955	29228
1956	38375
1957	44798
1958	57482
1959	57522
1960	64478

* inclusive Lieferwagen

Die Lastwagentypen 1940–1960

Aus der Vorkriegsproduktion wurde der 170 V-Lieferwagen noch bis 1942 weitergebaut. Bis 1941 wurden noch geringe Stückzahlen der Typen L 1100, Lex 2500, LGF 3000 – dies waren Feuerwehrfahrzeuge auf der Basis des L 3000 – sowie L 4000 und L 10000 gefertigt. 1940 endete die Produktion der Typen L 2000, L 2500, LG 3000 und L 8500.
Der L 1500 war eine Eigenentwicklung der Daimler-Benz AG ohne offiziellen Auftrag und Verankerung im Schell-Programm. Einen zivilen Markt gab es ja nicht mehr. Dieses Fahrzeug wurde dem Anforderungsprofil entsprechend als S und A Type gebaut. Als S Type kam der L 1500 in großer Stückzahl als Feuerwehrfahrzeug, als A Type als Kübelwagen zum Einsatz. Das robuste Fahrzeug wurde von einem neuentwickelten Sechszylindermotor mit 80 PS angetrieben, der ursprünglich für den Einsatz im Personenwagen vorgesehen war. Zwischen 1941 und 1944 wurde im Werk Untertürkheim die für die damalige Zeit beachtliche Stückzahl von 9004 Fahrzeugen gebaut. Nach 1945 wurde dieser Typ nicht mehr produziert.
Der Unimog S ist die bunte Kuh unter den Lastwagen der Daimler-Benz AG. Er war das 1,5-Tonnen-Standardfahrzeug der Bundeswehr und anderer Armeen. Seine Vielseitigkeit und Robustheit machten sich auch Feuerwehren und ähnliche Organisationen bei speziellen Transportaufgaben in schwierigem Gelände zunutze. Entwickelt wurde der Unimog S aus dem normalen Uni-

mog, hatte jedoch mit 2900 mm einen längeren Radstand und zunächst den 2,2 Liter großen 80 PS-Motor aus dem Personenwagen 220. Später erhielt er den 2,8 Liter-Motor mit 110 PS, der mit höherer Leistung im Personenwagenmodell 280 S eingebaut war. Bei den Armeen ausgemustert, entwickelte er sich bei Aussteigern und Expeditionen in aller Welt zu einem beliebten Offroader für Touren in die entlegendsten Gebiete der Erde. Der bis 1980 gebaute Unimog S bewährte sich hervorragend, die Zahl von 64 242 gebauten Fahrzeugen spricht dafür.

Der L 319/ L 319 D, L 407/408 (Baumuster 319), auf der IAA 1955 erstmals gezeigt, schloß eine bestehende Lücke im Daimler-Benz Programm. Der Wettbewerb bestand aus dem 1,75 Tonner Opel Blitz, dem Hanomag L 28 und dem Borgward B 1500. Bei seinem Erscheinen war der neue 1,75 Tonner eine Enttäuschung: Äußerlich häßlich mit seiner nach vorne geschobenen Vorderachse, erntete der mit dem 43 PS-Dieselmotor aus dem Pkw 180 D versehene Kleinlaster mit seinem asthmatischen Temperament und seinem Fahrwerkskonzept mit vorderer Starrachse und Blattfeder nur Kopfschütteln. Von einem gerade auf dem Fahrwerkssektor so ambitionierten Unternehmen war mehr erwartet worden.

Fritz Nallinger, programmatischer Kopf bei Daimler-Benz, hatte es sich bei der Entwicklung dieser Baureihe nicht einfach gemacht. So wurden auf seine Veranlassung seit 1950 zahlreiche, vor allem auch französische Kleinlastwagen untersucht. Wichtig war für Nallinger große Wendigkeit und gute Raumausnutzung bei optimaler Transportökonomie, von Schönheit war nicht die Rede. Diese Punkte seines Lastenheftes erfüllte das neue Produkt beispielhaft und setzte im Laufe der Jahre neue Akzente in diesem für Daimler-Benz neuen Marktsegment, die auch der Wettbewerb zu spüren bekam. Die Kastenwagen mit selbsttragendem Aufbau und die Pritschenwagen mit Leiterrahmen wurden bis Ende 1961 in Sindelfingen und dann im ehemaligen Auto Union- Werk in Düsseldorf gebaut. Ab 1957 wurde das Motorenprogramm um den 65 PS-Benzinmotor aus dem PKW Typ 180 erweitert, der ab 1961 in der Leistung auf 68 PS und ab 1965 auf 80 PS angehoben wurde. Die Benziner spielten allerdings nur eine untergeordnete Rolle. Der Schwerpunkt lag bei den Typen mit Dieselmotor. Von 1956 bis 1961 wurde noch der aus dem 170D/180 D stammende Motor OM 636 mit 43 PS installiert. Von 1961 bis 1964 wurde der Motor OM 621 mit 50 PS aus dem 190 D eingebaut, dessen Leistung ab 1964 auf 55 PS gesteigert wurde. Die Benziner erreichten in den einzelnen Leistungsstufen 95 km/h/110 km/h, die Diesel 80 km/h/ 90 km/h/95 km/h.

Der L 3000 wurde von 1939 bis 1944 als S und A Typ gebaut. Angetrieben von einem Vierzylinder Dieselmotor mit zuletzt 80 PS, mußte er 1944 der Produktion des Opel Blitz weichen. Gebaut wurden 40 798 Stück, die mit den unterschiedlichsten Aufbauten versehen wurden. Große Verbreitung erfuhr der L 3000 auch als Feuerwehrfahrzeug innerhalb des Deutschen Reiches.

Der L 701 (Opel Blitz) wurde seit dem 20. Juli 1944 im Werk Mannheim produziert. Angetrieben wurde er von einem 3,6-Liter Benzinmotor, der vor dem Krieg auch in Opels Topmodell, den Personenwagentyp Opel Admiral, eingebaut wurde. Über die Leistung gibt es unterschiedliche Angaben. In Opel-Unterlagen ist er stets mit 75 PS ausgewiesen, Daimler-Benz gab in der Betriebsanleitung 73,5 PS an. Während des Krieges soll die Leistung allerdings auf 68 PS reduziert worden sein. Nach Opel-Anga-

Blick in das Führerhaus des L 5000

Der L 319 D sorgte für frischen Wind in der 1 3/4 t-Klasse

Der L 3500 – das Erfolgsmodell der 50er Jahre

Der L 3500 A als 4 x 4 LKW

Der L 5000 als Pritschenwagen

ben erreichte der Blitz 90 km/h und machte damit seinem Namen alle Ehre. Daimler-Benz nannte allerdings bei gleicher Achsübersetzung nur 75 km/h. Zeitzeugen berichteten allerdings, daß auch der L 701 im Temperament seinem Originalbruder in nichts nachstand, einmal abgesehen von dem „windschnittigen" Einheitsfahrerhaus.

Entgegen der ursprünglichen Absicht wurde der L 701 nicht auch als Allradwagen, sondern nur in der S-Ausführung, also zweiradangetrieben, gebaut. Im Unterschied zum in Brandenburg gebauten Opel Blitz hatte die Daimler-Benz-Ausführung keinerlei Firmenemblem und bis 1948 nur das eckige Einheitsfahrerhaus. In diesem ist unter der Sitzbank der 92 Liter Benzin fassende Tank des A Typs untergebracht. Normalerweise hatte Opels S Typ nur einen 82 Liter fassenden Tank. Die Notlösung des Einheitsfahrerhauses bestand bis zum August 1948. Ab diesem Zeitpunkt wurde allmählich das von Opel zugelieferte Ganzstahlfahrerhaus montiert. Aufgrund der allgemeinen Notlage wurde der L 701 bei Daimler-Benz in den Kriegs- und ersten Nachkriegsjahren im Freien lackiert. Der Beliebtheit dieses robusten Fahrzeugs tat dies jedoch keinen Abbruch.

Bis zum Produktionsende am 10. Juni 1949 wurden bei Daimler-Benz 13800 L 701 gebaut. Opel hatte bis zum Produktionsende 1944 fast 130000 Stück des 3 Tonners Blitz in den unterschiedlichen Varianten gebaut. Er war das Radfahrzeug der Deutschen Wehrmacht, das in den größten Stückzahlen eingesetzt wurde. Er übertraf damit sogar den VW-Kübelwagen erheblich. Nach dem Krieg war er ein wesentlicher Helfer beim Wiederaufbau. Der L 3250/L 3500/L 311 wurde ab Juni 1949 im Anschluß an den L 701 (Opel Blitz) bis April 1961 produziert.

Zunächst Aufklärendes zur Inflation der Typenbezeichnungen. Der Daimlersche 3 Tonner Blitz war immer schon ein 3,3 Tonner, so hoch war seine tatsächliche Nutzlast. Also war man bemüht, mit dem eigenen Nachfolgemodell, auch wenn es ein Diesellastwagen war, nicht wesentlich darunter zu liegen und kam so auf 3 1/4 Tonnen Nutzlast. Das manifestierte sich in der Typenbezeichnung L 3250. Da aber mittlerweile der gesamte Wettbewerb in dieser Klasse 3,5 Tonner anbot, kam man nicht umhin, ab Januar 1950 die Nutzlast um eine viertel Tonne anzuheben. Unter der Typenbezeichnung L 3500 lief er bis 1954, ab 1955 wurde er durch die generelle Typenumbenennug zum L 311. Das Baumuster sowohl des Motors als auch des Gesamtfahrzeugs bestand aus der Zahlenkombination 312.

Die Neukonstruktion verblüffte durch zwei Hauptmerkmale. Das eine war der völlig neue Sechszylinder Dieselmotor mit seinem guten Leistungsgewicht und seiner

absolut hohen Leistung von 90 PS aus 4,6 Liter Hubraum. Damit erreichte er fast die spezifische Leistung des Opel Blitz-Motors, der allerdings ein Benziner war. Das war damals sensationell, zumal er mit guter Laufkultur glänzte. Das andere war das geringe Eigengewicht, das bei einem Lastwagen mit Dieselmotor zum ersten Mal geringer war als die eigentliche Nutzlast. Daimler-Benz hatte sich die Lektion des zu schweren L 3000 gründlich zu Herzen genommen. Das Studieren des großen Vorbildes war indes eine einfache Übung, man baute den Probanden ja im eigenen Hause.
Logisch war deshalb, daß der L 3250 im Wesentlichen auf dem L 701 aufbaute. Die Fertigungsanlagen waren vorhanden. Neue Anlagen waren auch vier Jahre nach Kriegsende nicht einfach zu beschaffen, zumal auch bei Daimler-Benz während des noch nicht abgeschlossenen Wiederaufbaus nicht uferlos Mittel für Neuinvestitionen zur Verfügung standen. Außerdem war das Vorbild in seiner Konzeption und Konstruktion schlicht und einfach beispielhaft. Für den neuen Diesel konnten Getriebe,

Der L 6600 als Pritschenwagen

Der OM 315 – das 145 PS-Triebwerk des L 6600

Der LA 315 Pritschewnwagen als 4 x 4

Der LAK 315 Kipper als 4 x 4

Der LA 315 Feuerwehrdrehleiter als 4 x 4

Der LAS 315 Sattelschlepper als 4 x 4

Hinterachse und Rahmen übernommen werden. Sie mußten allerdings auf höhere Leistung und Drehmoment sowie die höheren Gesamtgewichte angepaßt werden. Der Radstand war derselbe wie beim L 701.

Der im Krieg nicht fertig gewordene eigene leichte Dieselmotor OM 302 mit 80 PS mutierte zum OM 312 mit 90 PS und wurde den Basisdaten des L 701-Motors angepaßt. Genau genommen war er die Dieselversion des L 701 Motors. Ab April 1954 wurde übrigens ausschließlich in Feuerwehrfahrzeuge ein Turboladermotor mit 115 PS eingebaut. Für militärische Abnehmer gab es 1954 eine Benzinversion mit 110 PS. Ab 1955 wurde die Leistung der Saugmotoren auf 100 PS erhöht.

Der L 3500 wurde als Pritschenwagen mit zwei Radständen angeboten, es folgten ein Kipper, bis 1952 ein Sattelschlepper, ab November 1950 die Allradtypen und ab 1953 die Frontlenkerfahrgestelle LP, die sogar mit drei Radständen geliefert wurden. Der L 3500 erreichte mit dem 90 PS-Motor 80 km/h, mit dem 100 PS-Motor 88 km/h.

Der L 4500/L 312 war die 1953 nachgeschobene und bis Januar 1961 gebaute Variante mit einer Tonne höherer Nutzlast. Im Unterschied zum 3,5 Tonner hatte der 4,5 Tonner eine kürzere Antriebsachsübersetzung, die ihn ca. 10 km/h langsamer machte. Die Bereifung war der gestiegenen Nutzlast genauso angepaßt wie die serienmäßige hydraulische Bremse mit Druckluft-Servounterstützung. Ansonsten war die Produktpalette und ihre Entwicklung mit der des 3,5 Tonners identisch. Ab 1957 war für den Export in die Schweiz auch der weiterentwickelte 5,1 Liter-Motor mit 110 PS eingebaut.

Der L 321 war mit 5,5 Tonnen Nutzlast und den 110 PS seines auf 5,1 Liter vergrößerten Sechszylinders das schwerste Langhaubenfahrzeug aus Mannheimer Produktion. Die Angebotsbreite entsprach der seiner kleineren Brüder L 311 und L 312. Eine Verbindung zu den in Gaggenau gebauten Lastwagen gleicher Nutzlast bestand nicht. Der L 321 wurde nur zwischen Juni 1957 und September 1959 gebaut und dann von der neuen Kurzhaubergeneration abgelöst. Die erreichbaren Geschwindigkeiten lagen je nach Achsübersetzung zwischen 75 und 90 km/h.

Der L 4500, 1939 präsentiert, war der Nachfolger des L 3750. Der Serienanlauf begann 1941 in Gaggenau in der S und A Ausführung. Beide Typen, sowohl der Straßen- als auch der Allradtyp, bewährten sich im Kriegseinsatz. Die ursprüngliche Leistung von 120 PS wurde kriegsbedingt auf 112 PS reduziert. Im Laufe der Kriegsjahre wurde das gesamte Fahrzeug entfeinert: Das bedeutete den Wegfall der Winker, der Außenspiegel, der

vorderen Stoßstange und der hinteren Kotflügel. Einfachste Vorderkotflügel und winzige Scheinwerfer sowie als auffälligstes Merkmal der Ersatz des Stahlblechfahrerhauses durch das eckige Einheitsfahrerhaus aus gepreßtem Ersatzstoff kennzeichneten drastisch den wirtschaftlichen Niedergang des Deutschen Reiches.
Der L 4500 wurde, wenn auch 1945 und 1946 nur in geringen Stückzahlen, durchgehend produziert. Im Mai 1949 erschien auf der Exportmesse in Hannover das Gaggenauer Schwergewicht wieder in alter Pracht mit 120 PS Höchstleistung und dem Stahlblechfahrerhaus. Gleichzeitig wurde die Nutzlast auf 5 Tonnen angehoben, so daß die neue Typenbezeichnung nun L 5000 lautete. Im Herbst 1952 wurde das Äußere des L 5000 dem des wuchtigen L 6600 angeglichen. Die Höchstleistung wurde durch Motorüberarbeitungen zur Dauerleistung. Mit erreichbaren 62 km/h überschritten sie die Mindestgeschwindigkeiten auf Autobahnen um ganze 2 km/h und gehörten somit nicht zu den Schnellen im Lande, aber zu den Zuverlässigen in Krieg und Frieden.
Der L 5500 von 1953 bis Februar 1954 ließ äußerlich keinen Unterschied zum vorherigen L 5000 erkennen, sieht man von der Anhebung der Nutzlast auf 5,5 Tonnen ab.
Der L 325/L 330, von außen von den Typen L 5500 und L 5000 in der letzten Ausführung nicht zu unterscheiden, wurde von April 1954 bis September 1957 gebaut. Als Exporttyp hieß er L 330 und lief im wesentlichen unverändert von Juni 1957 bis August 1961. Der wesentlichste Unterschied bestand im Motor: Man hatte die im größeren Bruder bewährten Teile auch für den kleineren 7,3 Liter-Motor übernommen, konnte die Leistung dann auf

Fernverkehrslastwagen LP 315

125 PS anheben und machte aus dieser Melange ein neues Motorbaumuster. Lieferbar war aber nur ein Radstand. Die erreichbare Geschwindigkeit stieg auf 70 km/h beim L 325 und auf 75 km/h beim L 330.
Sein Nachfolger wurde der L 329. Äußerlich ein L 325, hatte er es faustdick unter der Haube. Von 1956 bis 1957 bekam er den 8,3 Liter-Motor mit 145 PS des L 315. Von 1958 bis 1959 wurde er von dem 10,8 Liter-Motor mit 172 PS angetrieben, der mit 192 bzw. 200 PS im L 326 Dienst tat. Lieferbar waren die Varianten Allrad – LA 326 – und Frontlenker – LP 326 – und die dazugehörigen Sattelschlepper. Die Nutzlast lag zwischen 6,4 und 6,6 Tonnen.
Der L 6600/L 315, von Oktober 1950 bis Mai 1958 gebaut, hatte im Schwerlastwagenbereich für Daimler-Benz eine ähnliche Signalwirkung wie der L 3500 in der mittleren Klasse. Dieser Typ wurde dringend erwartet, da Daimler-Benz seit dem Krieg in diesem Marktsegment nicht vertreten war. Bis dahin waren Lastwagen dieser Gewichtskategorie ziemlich behäbige Wesen, die es mit Müh und Not auf Geschwindigkeiten von 60 km/h brachten. Da war der L 6600 mit seinen erreichbaren 74 km/h ein deutlicher Fortschritt. Das galt auch für die Motoraufhängung in geräusch- und schwingungsdämmenden Gummipolstern sowie das leicht schaltbareSechsganggetriebe.
Der L 6600 oder L 315, wie er nach der neuen Nomenklatur ab 1954 hieß, wurde in zwei Radständen, als Kipper, Sattelschlepper, Allradausführung und ab 1954 als Frontlenker LP 315 mit Fahrerhäusern von Wackenhut geliefert. Eine Besonderheit war der für die Bundeswehr gelie-

Oben: LG 315 – ein Standard-5-Tonner der Bundeswehr Unten: Schlammerprobung des LG 6600

Links: Der L 325 mit 125 PS als 6 Tonner

Mitte: Der LP 329 mit 145 PS als leichter Vertreter der 6-Tonnen-Klasse

Unten: Der LP 333 mit 200 PS ist heute ein begehrtes Sammlerobjekt

terte 5 Tonner LG 315, der sich dort ebenso hervorragend bewährte wie als fahrbarer Untersatz für Globetrotter.

Der L 326 mit seinem neuen 10,8 Liter großen 200 PS-Motor markierte im September 1956 den Einstieg in eine für Daimler-Benz neue, jedoch längst überfällige Leistungsklasse. Krupp hatte schon seit 1950 den Titan mit zunächst 190 PS und später 210 PS im Programm, MAN und Magirus boten seit 1951 ihre Schwergewichte mit V8 Motoren mit 180 PS und Flüssigkeitskühlung bzw. mit 175 PS und Luftkühlung an. Im selben Jahr war Faun mit 180 PS und Kaelble mit 200 PS dabei. Büssing folgte 1952 mit einem 175 PS starken und 1953 mit dem 200 PS starken Koloß 12000 U.

Der 10,8 Liter-Motor OM 326 war eine Weiterentwicklung der bisherigen Gaggenauer Motorbaureihe OM 67/OM 315 und wurde mit seinen Leistungsstufen von 172 PS und 192 PS längere Zeit zum Standardmotor im Schwerlastwagenprogramm von Daimler-Benz. Er hatte nicht nur eine größere Bohrung als der Vorgänger, sondern auch einen Zylinderkopf mit vier Ventilen.

Als Haubenfahrzeug setzte der L 326 die beeindruckende Optik des L 315 mit seiner tief nach unten gezogenen, majestätisch wirkenden Kühlermaske fort. Die ab 1958 für den Export gebauten Nachfolgertypen L 334 entsprachen mit ihrer kürzeren Kühlermaske eher den Typen L 325/330. Die Frontlenkerfahrzeuge LP 326/334 entsprachen mit ihrem Wackenhut-Fahrerhaus optisch, bis auf die weiter nach vorne gesetzte Vorderachse, dem LP 315. Mit erreichbaren Geschwindigkeiten von knapp über 80 km/h machten diese Schwergewichte zu den schnellsten Lastenträgern im Lande. Die Typenpalette umfaßte Hauben- und Frontlenker-Pritschenwagen, Sattelzugmaschinen in beiden Konfigurationen sowie Kipper in Haubenausführung. Die Bauzeit erstreckte sich von 1956 bis 1963.

Der L332 wurde zwischen 1958 und 1962 mit einer Nutzlast von bis zu 11 Tonnen für den Export gebaut. Angetrieben wurde er von dem auf 172 PS reduzierten Motor OM 326. Es gab ihn in als Allrad, Kipper, Allradkipper, Frontlenker und Frontlenkerzugmaschine.

Der LP 333, zwischen 1958 und 1961 gebaut, war mit seinen zwei gelenkten Vorderachsen ein weiteres Produkt Seebomscher Verkehrsgesetzgebung. Ab 1. Januar 1958 wurde das zulässige Gesamtgewicht von Lastwagen mit zwei Achsen auf 12 Tonnen und von Dreiachsern auf 18 Tonnen festgelegt.

Um nun noch zu halbwegs vernünftigen Tranportleistungen zu kommen, verfielen die Daimler-Benz-Ingenieure auf die Idee der zweiten gelenkten Vorderachse, die immer noch wesentlich leichter war als eine zweite angetriebene Hinterachse. „Tausendfüßler“ wurde der LP 333 liebevoll-spöttisch genannt – er überraschte durch gute Fahr- und hervorragende Lenkeigenschaften, besonders in der Ausführung als Sattelschlepper. Motor, Getriebe und die Fahrleistungen entsprachen denen des LP 326/334.

NT-WH 44

Mit Kurzhaubern und Frontlenkern in neue Dimensionen 1960–1973

Mit Beginn der 60er Jahre sorgten verkehrspolitische Gesetzesmaßnahmen, unternehmenspolitische und Personalentscheidungen sowie die technische Weiterentwicklung zur Direkteinspritzung bei den Lastwagenmotoren für Änderungen im Lkw-Typenprogramm von Daimler-Benz. Diese Jahre brachten nach den relativ ruhigen 50er Jahren eine Menge Bewegung auf wirtschaftlichem und politischem Gebiet. Wirtschaftlich sorgte die relativ stabile DM im Vergleich zum US-Dollar für Unruhe in der stark exportorientierten Wirtschaft der Bundesrepublik Deutschland. Politisch brachte das Ende der Ära Adenauer Bewegung in erstarrte politische Strukturen. Die kalte Dusche des Konjunktureinbruchs der Jahre 1966/67 sorgte in der Bevölkerung für Zweifel an der Gesetzmäßigkeit permanenten Aufschwungs und stetig steigenden Wohlstands.

Mit den am 1. Juli 1960 verfügten Änderungen in der StVZO – Straßenverkehr-Zulassungsordnung – wurden die rigiden Beschränkungen für Lastwagen gemildert. Entscheidend für die Motorisierung war die Festlegung

Der L 1113 – ein Vertreter der leichten Kurzhauber

der Mindestleistung auf 6 PS/t. Die Gesamtlänge für Lastzüge wurde auf 16,5 Meter, die Achslast auf 10 Tonnen, die von Doppelachsen auf 16 Tonnen und das Gesamtgewicht auf 32 Tonnen angehoben.

Ein wichtiger Markstein für die zukünftige Unternehmenspolitik war die Festlegung auf zwei unterschiedliche Marktkonzepte. Während im Personenwagenbereich das Konzept in der Festlegung auf die obere Mittelklasse bestand, wurde im Nutzfahrzeugbereich die Fokussierung auf die Stellung als Generalist im Transportbereich angestrebt. Das bedingte aber die Schaffung größerer Fertigungskapazitäten für Nutzfahrzeuge, die jedoch mit den Werken Mannheim und Gaggenau nicht mehr zu realisieren waren.

In diese Zeit der Umstrukturierung fiel der Kauf eines großen Geländes in der südpfälzischen Gemeinde Wörth. Fast in der Mitte zwischen den traditionellen Herstellungsorten Mannheim und Gaggenau gelegen, bot sich hier ein neues Werk zur Fertigung von Nutzfahrzeugen fast zwangsläufig an. Nach mehreren Anläufen unterschiedlicher Zielrichtung einigte sich der Vorstand nach Vorstellungen der Technischen Werkleiter von Mannheim, Robert Holzner, und Gaggenau, Carl-Heinrich Jahr, über die Kapazitätserweiterung im Lastwagenbau auf den Standort Wörth als neues Produktionszentrum für Lastwagen. Mannheim und Gaggenau sollten als Zulieferer für Motoren bzw. Achsen erhalten bleiben. Beschleunigt wurde diese Entscheidung, nachdem die Großmotorenfertigung nach Friedrichshafen-Manzell ausgelagert wurde.

Ende 1963 begann in Wörth die Produktion von Fahrerhäusern, am 14. Juli 1965 rollte der erste in Wörth gebaute Lastwagen vom Band, ein LP 608. Mit diesem ersten Fahrzeug einer neuen Typenreihe vervollständigte Daimler-Benz sein Angebot leichter Lastwagen.

Weitere Marksteine in der Unternehmenspolitik waren 1968 die Übernahme der Vetriebsorganisation der Krupp-Lastwagen und am 24. Dezember desselben Jahres die Gründung der Hanomag-Henschel-Fahrzeugwerke GmbH, an der sich Daimler-Benz mit 51% und Rheinstahl mit 49% beteiligten. Ende 1970 übernahm die Daimler-Benz AG auch den Anteil der Rheinstahl AG. Für Toni Schmücker, den damaligen Chef der Rheinstahl AG, war dieser Deal ein wichtiger Eckpunkt bei der Sanierung von Rheinstahl. Für Daimler-Benz bedeutete es eine wichtige Produktergänzung in das untere Transportersegment und bis zum Anlaufen der neuen Baustellenfahrzeuge NG 73 in Wörth eine Aktualisierung bei diesen speziellen Fahrzeugen durch Henschel-Produkte, die allerdings jetzt von V-Motoren der neuen Motoren-

Der LS 338 – ein Vertreter der schweren Kurzhauber

Baureihe OM 400 von Daimler-Benz angetrieben wurden. Produkttechnisch gesehen fand in den 60erJahren Entscheidendes statt: Ausgelöst durch die Seebohmschen Verkehrsgesetze wurden in den 60er Jahren die Langhauber durch die Kurzhauber mit etwas in das Führerhaus hineinragenden Motoren abgelöst. Darüberhinaus wurden, beginnend bei dem leichten Mannheimer Typ LP 321 und dem Gaggenauer Typ LP 337, alternativ eigene Frontlenker mit dem Typensuffix LP angeboten. Diese Entwicklung begann mit je einem Mannheimer und Gaggenauer Typ Ende der 50er Jahre, sie wurde in den 60ern konsequent durchgezogen.

Ab 1963 kamen die völlig neuen kubischen Fahrerhäuser auf den Markt. Auf der IAA mit dem LP 1620 vorgestellt, zeichneten sie sich – neben einem ansprechenden Design – durch eine von den Fahrern geschätzte, bisher nicht gekannte Raumfülle aus. Bei den schweren Typen wurde dies noch durch einen fast ebenen Fahrerhausboden komplettiert. Die Fahrerhäuser hatten nur den Nachteil, nicht kippbar zu sein. Durch ihre vielen Wartungsklappen erhielten sie intern den Spottnamen „Adventskalender“.

Ebenfalls zur IAA 1963 präsentierte Daimler-Benz der Öffentlichkeit schwere Baustellenfahrzeuge mit drei Achsen in den Antriebskonfigurationen 6x4 und 6x6. Sie waren ausschließlich als Kurzhauber lieferbar und wurden 1965 durch Sattelzugmaschinen ergänzt.

Frontlenker der ersten Generation mit rundem Fahrerhaus

Ab 1964 wurden die Dieselmotoren der Lastwagen auf Direkteinspritzung umgestellt. Bei unveränderten Hubvolumina wurde aus dem OM 322 der OM 352 und aus dem OM 326 der OM 346, der schließlich nach einer Hubraumvergrößerung und Leistungssteigerung auf bis zu 240 PS zum OM 355 mutierte. Eine bessere Leistungsausbeute bei größerer Standzeit und geringerem Verbrauch war die Folge.

Dies kam bei Daimler-Benz, die bis dahin als Gralshüter des Vorkammermotors gegolten hatten, fast einer Revolution gleich. Doch ließen sich die Nachteile des Vorkammermotors, die sich in höherem Verbrauch und geringerer Lebensdauer bei stärkerer Leistungsanforderung darstellten, nicht mehr kaschieren. Der Erzrivale MAN führte die Vorteile des Direkteinspritzers den Kunden seit Jahren unübersehbar vor. Daimler-Benz kam am Direkteinspritzer nicht mehr vorbei.

Es wurde noch ein weiteres Vorurteil, nämlich gegen die durch Abgasturbolader (ATL) aufgeladenen Motoren, abgelegt. Zaghaft hatte man in den frühen 50ern Feuerwehrfahrzeuge mit ATLs ausgerüstet. Ende der 60er wurden einige L 322 noch mit Vorkammermotoren von 110 PS auf 126 PS gesteigert. Mit der Hubraumerweiterung vom OM 321 zum OM 322 entfiel diese Variante wieder.

Der größere Sauger war damals standfester. Seit der Einführung der Direkteinspritzer gehörten ATL-Motoren bei den kleinen Sechszylindern zur Normalität. Warum dies für lange Zeit, bis auf Brasilien, nur auf die kleinen Motoren beschränkt blieb, gehört zu den Geheimnissen der Untertürkheimer Techniker.

Ab Mai 1965 wurden die Einschränkungen für in Deutschland zugelassene Lastwagen gelockert. Das Gesamtgewicht für Lastzüge wurde auf 38 Tonnen heraufgesetzt und die Gesamtlänge von 16,5 auf 18 Meter angehoben.

Mit der Präsentation des LP 608 am 14. Juli 1965 in Wörth eröffnete sich Daimler-Benz ein neues Marktsegment, das des leichten, wendigen Frontlenker-Lastwagens mit hoher Nutzlast. Diese Typenreihe wurde im Laufe der Jahre zur dritten Lastwagenreihe neben den mittleren und Schwerlastwagen konsequent und mit großem Erfolg ausgebaut. Die mittleren Frontlenkertypen erhielten das gleiche neue Frontlenker-Fahrerhaus mit der Unterbodenanordnung des Motors wie die schweren Typen. Im September 1967 wurde die leichte LP-Reihe um eine verstärkte Version den LP 808 erweitert.

Ab 1967 erhielten alle Kurzhauber ein überarbeitetes Fahrerhaus, es war höher, mit größerer Kopffreiheit, höherer Frontscheibe mit drei Scheibenwischern und einer Dachluke zur bessseren Durchlüftung. Die Kurzhauber wurden, 1980 nochmals geändert, für den Export noch bis 1996 gebaut. Ein besonderer Paukenschlag waren dann im Januar 1967 die Nachfolgemodelle der Düsseldorfer Transporter und Leichtlastwagen.

Ab 1. Januar 1969 trat der Leber-Plan, benannt nach Verkehrsminister Julius Leber, in Kraft, der ab 1. Januar 1972 die Mindestmotorisierung von 8 PS pro Tonne festschrieb. Das bedeutete für einen 38-Tonnen-Zug mindestens 304 PS. Daimler-Benz stellte in Frankfurt seinen neuen LP 1632 mit 320 PS starken V10-Motor und Kippfahrerhaus vor, der jedoch erst ein Jahr später in Serie ging.

1970 erhielten auch die leichten LP-Typen die kleinen Sechszylinder-Motoren OM 352 mit 110 PS und 130 PS eingebaut. Die so ausgestatteten Typen hießen LP 811 und LP 813.

1970 wurde auch das Nutzfahrzeugprogramm nach unten um die bis dahin von Tempo bzw. Rheinstahl-Hanomag gebauten leichten Transporter und Pritschenwagen der Typen L 206 D – L 306 D/ L 207 – L 307 erweitert. Die Dieseltypen wurden von dem 2-Liter-Dieselmotor mit 50 PS aus dem Personenwagen-Programm von Daimler-

Frontlenker der zweiten Generation mit eckigem Fahrerhaus und tief eingebautem Motor

Leichttransporter auf Tempo-Hanomagbasis

Schwerer Dreiachs-Kipper auf Henschelbasis

Benz angetrieben. Bei den Benzinern kam ein 1,8 Liter-Austin-Motor mit 70 PS zum Einbau. Ab Januar 1972 wurde der Dieselmotor durch den 2,2 Liter-Motor mit 60 PS ersetzt.
Durch die Übernahme der Rheinstahl-Hanomag-Produktpalette wuchs der Nutzfahrzeugbereich der Daimler-Benz AG in neue Dimensionen hinein. Innerhalb von 13 Jahren stiegen die Stückzahlen fast um das Vierfache. Im Januar 1972 erschien der LP 1626 als neuer Schwerlastwagentyp. Mit seinem V8-Motor wurde die neue Baukastenreihe, die mit dem V10-Motor ihren Anfang genommen hatte, fortgesetzt und nach unten um einen V8-Motor mit 256 PS ergänzt. Er löste allmählich den Reihenmotor OM 355 mit 240 PS ab. In den Haubenfahrzeugen war dem Reihenmotor allerdings noch ein langes Leben gesichert. In die Frontlenker-Baustellenfahrzeuge von Henschel wurde der neue V10-Motor implantiert, so daß Daimler-Benz in diesem Produktsegment bis zum Erscheinen der neuen Generation im August 1973 ebenfalls vertreten war.

Die Daimler-Benz-Nutzfahrzeugproduktion 1960–1973 (Stück)

1960	64478
1961	62405
1962	66185
1963	68262
1964	69889
1965	73064
1966	82629
1967	72831
1968	94523
1969	170527
1970	196149
1971	188095
1972	201931
1973	215935

Die Nutzfahrzeugtypen 1960 bis 1973

Transporter

Der L 206 D / L 207 und der L 306 D/ L 307 waren Zwitterprodukte aus der Übernahme des Fahrzeugprogramms der Rheinstahl AG. Ihre Ursprünge und Konstruktion gingen bis in die 50er Jahre bei Tempo zurück. Nach der Übernahme durch Daimler-Benz wurde in den leichten Transporter zunächst der Zweiliter-Dieselmotor aus dem Pkw mit 50 PS eingebaut. Erkennbar waren diese Derivate an einem kleinen Emailschild mit einem Mercedes-Stern und dem Schriftzug Diesel in der rechten unteren Ecke des Grills. Ab Ende 1970 durften auch die Neueinsteiger einen großen Stern in der Mitte des Grills mit zwei waagrechten Chromleisten tragen.

Ab Januar 1972 wurde der Zweiliter-Dieselmotor durch das stärkere 2,2 Liter-Triebwerk aus dem Personenwagen mit 60 PS ersetzt. Die Bereifung wurde bei den Typen L 206 D von 13 Zoll- auf 14 Zoll-Räder und -Reifen umgestellt. Auf Wunsch wurde erstmals eine Servounterstützung der Bremsen angeboten. Als Antriebsalternative zum Daimlerschen Dieselmotor stand, wie schon zu Tempos Zeiten, der 1,6 Liter-Austin-Vergasermotor A 60 mit 55 PS zur Verfügung.

Kleinlastwagen

Die Typen L 408/409 und L 406 D/ L 407 D waren die Nachfolger der häßlichen, aber äußerst erfolgreichen Kleinlastwagenbaureihe L 319. Im Gegensatz zum Vorgänger hatten sich die Designer um ein ansprechendes, auch heute noch nicht abgestanden wirkendes Design bemüht. Sie waren als Kasten- und Pritschenwagen zunächst mit zwei Radständen und als Kastenwagen mit zwei Dachhöhen lieferbar. Dazu kam die Möglichkeit, anstelle der Drehtüren Schiebetüren zu wählen. Bei den Pritschenwagen gab es serienmäßig von Anfang an Doppelkabiner. Insgesamt standen 27 serienmäßige Ausführungen zur Wahl.

Im ersten Jahr hatte der Kunde die Wahl zwischen dem Zweiliter Dieselmotor OM 621 mit 55 PS oder dem Benzinmotor M 121 mit 80 PS oder 68 PS in der niedrigverdichteten Version, die alle aus den Personenwagenmotoren abgeleitet waren. Ab 1968 wurden diese Triebwerke durch den 2,2 Liter-Dieselmotor OM 615 mit 60 PS und den 2,2 Liter-Benzinmotor M 115 mit 85 PS bzw. 75 PS ersetzt. Im Laufe des Jahres wurde die Baureihe durch die Typen L 508 D und L 608 D erweitert. Diese Fahrzeuge verfügten über eine höhere Nutzlast und wurden durch den 3,8 Liter-Dieselmotor mit vier Zylindern und 80 PS aus dem Leichtlastwagen LP 608 angetrieben.

Transporter mit Tempo-Stammbaum

Leichte Frontlenker-Lastwagen

Die Typenreihe LP 608 bis LP 913 bedeutete für Daimler-Benz den Einstieg in eine Fahrzeugklasse, die bis dahin vernachlässigt worden war: Es war der leichte wendige Lastwagen mit hoher Nutzlast. Mit dem völlig neuen LP 608 begann 1965 die Produktion im Lkw-Werk Wörth in der Südpfalz. Äußerlich paßten sich die Neuen mit ihrem kubischen Fahrerhaus und dem Untersitzmotor dem Trend ihrer größeren Brüder an. 3,5 bis 5,5 Tonnen Nutzlast schleppten sie ohne Murren.

Die Typen L406 D/L407 D beherrschen ihr Marktsegment

Der LP 813 stärkster Typ der leichten Klasse

Der LPK 813 als robuster Partner im Baugewerbe

Der wendige LP, beliebt als City-Zulieferer

Chassisansicht des LP der leichten Klasse

Mit ihnen erlebte auch ein neuer Nutzfahrzeugmotor seine Premiere. Der Vierzylinder-Direkteinspritzer-Dieselmotor OM 314 war ein unmittelbarer Abkomme des bewährten Sechszylinder-Diesels OM 352, dem man lediglich zwei Zylinder amputiert hatte. Mit zunächst 80 PS und ab 1969 mit 85 PS verhalf er den Typen LP 608 und LP 808 zu annehmbaren Fahrleistungen. Sie waren als Pritschenwagen mit drei Radständen, als Kipper und als LP 608 sowie als Sattelzugmaschinne lieferbar.
1970 ging man sogar noch einen Schritt weiter und implantierte dem Leichtlastwagen den großen Sechszylindermotor OM 352 mit sechs Zylindern und 110 bzw. 130 PS Motorleistung. Diese Typen hießen dann LP 811 und LP 813 bzw. mit noch höherer Nutzlast LP 913. Auch sie waren als Kipper und Sattelzugmaschinen lieferbar. In diesem Segment entwickelte sich die Baureihe bald zum Marktführer, gegen den die Mitbewerber von Hanomag-Henschel, Magirus und MAN nur noch geringe Chancen besaßen.

Mittelschwere Lastwagen

Den Reigen der mittelschweren Lastwagen eröffneten die leichten Kurzhauberlastwagen und mittelschweren Frontlenker der Typen L/LP 323 , L/LP 328, L/LP 322 und L/LP 327. Sie ersetzten zu Beginn der 60er die bisherigen Haubenlastwagen aus Mannheimer Produktion und prägten bis zur Mitte des Jahrzehnts das Lastwagenprogramm bei Daimler-Benz. Der L/LP 327 war ein Gaggenauer Kind, das dort mit den schweren Lastwagen von den Bändern rollte. Parallel dazu nahmen die erstmals angebotenen kompletten Frontlenkertypen mit der Typenbezeichnung LP vor der Zahlenkombination immer mehr an Bedeutung zu.
Die Buchstaben LP stehen seit den frühen 50ern für „Lastwagen Pullman“ und kennzeichnen seither die

Der L 322 – meistgekaufter LKW seiner Klasse

Der LAS 322 im Wintereinsatz

Der Nutzlastriese – der LP 327

Der LP 1413 war der Nachfolger des LP 327

Frontlenkertypen bei Daimler-Benz. Die Assoziation zu dem mit Luxus gleichzusetzenden Begriff Pullman rührt von den frühen Frontlenker-Fahrerhäusern der Aufbauhersteller her, die mit ihren Schlafplätzen so etwas wie Schlafwagenatmosphäre und Luxus ausstrahlen sollten. Bis dahin waren Frontlenker nur als Fahrgestelle angeboten worden, die dann bei Karosseriefirmen mit den entsprechenden Aufbauten bestückt wurden.

Ab September 1963 erfolgte die Umbenennung dieser Typen in L/LP 710, L/LP 911, L/LP 1113, und L/LP 1413. Die ersten beiden Zahlen deuten das Gesamtgewicht in Tonnen an, die beiden letzten Zahlen die Leistung in PS. 1965 kamen die Typen LP 1213 und LP 1216 hinzu. Daimler-Benz nahm Abschied von dem früher angewandten Prinzip der Zahlenreihe, die sich auf die Nutzlast bezog und verwendete jetzt eine Zahlenkombination, die sich in etwa aus der Motorleistung in PS und dem zulässigen Gesamtgewicht zusammensetzte. Diese System wird bis heute beibehalten. Seit 1996 werden die Baureihen sukzessive mit einprägsamen Namen belegt.

Ab 1967 erfolgte die Erweiterung dieser Typenreihe in nochmals höhere Gewichts- und Leistungsklassen mit den Typen L/LP 1313, L/LP 1317 L/LP 1319, L/LP 1513, L/LP 1517 und L/LP 1519. Begonnen hatte diese Erfolgsstory bereits 1958 mit den ersten L/LP 322, massiv setzte die Produktion jedoch erst 1960 ein. Ab 1961 wurde die Reihe durch die beiden kleineren Typen L/LP 323 (als Ersatz für den L 312) und des L/LP 328 (als Ersatz für den L 311) ergänzt. Im September 1965 das neue Frontlenker-Fahrerhaus der schweren Typen mit der Unterbodenanordnung des Motors auch bei den mittleren Typen LP 810 und LP 1013 eingeführt.

Ab Mitte 1968 wurden die Kurzhauber L 911 und L 1113 durch die B-Typen ersetzt, die über ein höheres Fahrerhaus mit größerer Windschutzscheibe und drei Scheibenwischern verfügten. Nach außen trat das B in der Typenbezeichnung nie in Erscheinung. Bei den Frontlenkern erhielten die „B-Typen" LP 911 und LP 1113 das neue Fahrerhaus mit der Unterbodenanordnung des Motors.

Der L/LP 323/L/LP 710 wurde zwischen 1961 und 1970 als Nachfolger des L 311 gebaut. Ihn trieb zunächst der 100 PS-Vorkammer-Dieselmotor OM 312 mit 4,6 Liter Hubraum an. Ab Mitte 1964 wurde dieser Motor durch den 5,7 Liter-Direkteinspritz-Dieselmotor OM 352 ersetzt, der in diesem Fahrzeug auf 100 PS eingestellt war. Lieferbar waren drei Radstände beim Pritschenwagen und zwei Radstände bei der Allradversion. Außerdem gab es die Kipper und Sattelzugmaschinen in Zweirad- oder Allradausführung in zwei Radstandsvarianten.

Der L 710 erhielt ab 1967/68 ebenfalls das Fahrerhaus mit der höheren Windschutzscheibe und dem höheren Dach, doch blieb es hier bei den zwei Scheibenwischern mit dem Schmetterlingswischfeld. Sein Ende wurde durch die erfolgreichen Newcomer LP 608 bis LP 813 aus Wörther Produktion besiegelt.
Der L/LP 328 / L/LP 911 wurde als Nachfolger des L 312 zwischen Januar 1961 und März 1969, die nachfolgende Ausführung L 911 B ab Juli/August 1968 gebaut.
Eine bemerkenswerte Entwicklung ist bei der Motorisierung dieser Lastwagen festzustellen. Zunächst standen zwei Motoren zur Auswahl, der 4,6 Liter-Vorkammer-Dieselmotor OM 312 mit 100 PS und der 5,1 Liter-Vorkammermotor OM 321 mit 110 PS, der ab 1962 zur Standardausrüstung gehörte. Mit dem Einsatz der 5,7 Liter-Direkteinspritz-Dielmotoren OM 352 ab Mitte 1964 änderte sich die Leistung von 110 PS nicht. Das blieb auch bei den Typen L 911 B bis September 1973 so.
Aber seit diesem Zeitpunkt konnten gegen Aufpreis auch die Motoren OM 352 mit 130 PS oder der Ladermotor OM 352 A mit 168 PS Leistung geliefert werden. Bei den Pritschenwagen der L-Typen mit Hinterradantrieb waren drei Radstände, bei Allradantrieb und den LP-Typen zwei Radstände lieferbar.

Zum Einstieg in die Klasse der mittleren LP-Typen – der LP 1013

Von den Allradfahrzeugen der L-Typen der „B-Serie“ gab es zwei Ausführungen. Das war der normale LA 911 B mit zuschaltbarem Allradantrieb. Die Militärausführung LG 911 B hatte dagegen einen permanenten Allradantrieb und Einzelbereifung an allen vier Rädern. Bei den Kippern und der Allradzugmaschine gab es nur einen Radstand, während bei der Sattelzugmaschine zwei Radstände lieferbar waren. Diese Typen erfreuten ihre Besitzer durch ihre robuste Bauweise, die auch harten Alltag nicht so schnell übel nahm.
Der LP 1013 war eines jener Nischenprodukte, dem zwischen 1965 und 1968 nur ein kurzes Gastspiel vergönnt war. Er wurde durch den LP 1113 B abgelöst. Ein Gegenstück als Kurzhauber gab es nicht.
Der L/LP 322/L/LP 1113 war der Urtyp der kleinen Kurzhauber, dessen erste 16 Vorserien-Baumuster noch im Dezember 1958 die Bänder im Werk Mannheim verließen und damit das Ende des L 321 und der Langhauber einläutete. Mit einem Nutzlastfaktor von 1:1,8 – einem Leergewicht von 3700 kg stand eine Nutzlast von 6750 kg gegenüber – markierte die günstigste Aus-

Der LP 1213 als zuverlässige Zugmaschine

Der LP 1317 – auch für Hängerbetrieb geeignet

Stärkster mittlerer LKW-Typ – der LP 1319

führung den Spitzenwert aller deutschen Lastwagen jener Jahre. Die geschlossene Form mit der breiten Alligatorhaube entsprach einer Stilrichtung, die Hanomag schon 1950 in Deutschland mit seinem 1,5 Tonner vorgegeben hatte.

Ab August/September 1968 erfolgte auch hier der Übergang zur „B-Reihe“ mit dem höheren Fahrerhaus, der höheren Windschutzscheibe und den drei Scheibenwischern. Vielfältiges läßt sich aus dem Bereich der Motorisierung berichten. Zunächst wurde der 5,1 Liter-Vorkammer-Dieselmotor OM 321 mit 110 PS als Basismotorisierung angeboten. Wer mehr wollte, mußte zum mild aufgeladenen OM 321 A mit 126 PS Leistung greifen. Da mit diesem Triebwerk niemand glücklich war, wurde es im Herbst 1961 durch den 5,7 Liter großen OM 322 mit ebenfalls 126 PS ersetzt. Aber erst als im Januar 1964 der Motor OM 322 auf Direkteinspritzung bei gleicher Leistung – OM 352 – umgestellt wurde, gab es keine gravierenden Beanstandungen mehr zu den Themen Leistung und Verbrauch.

Lieferbar war der Lastwagen mit angetriebenen Hinterrädern in drei Radständen, die Allradausführung und sämtliche Sattelzugmaschinen in zwei Radständen und die Kipper mit einem Radstand.

Der LP 1213, von 1965 bis 1967 gebaut, war eine Zwischenstufe, die ab 1967 im LP 1313 aufging und keinen entsprechenden Gegentyp bei den Kurzhaubern hatte.

Der LP 1216 war nur ein gutes halbes Jahr präsent (zwischen Dezember 1966 und September 1967), ehe er von dem LP 1317 ersetzt wurde. Ein Pendant als Kurzhauber gab es nicht. Interessant war an ihm der neue 8-Liter Motor OM 327 mit 160 PS, der sich als dritte Baureihe zwischen die beiden Motorlinien OM 352 und OM 355 schob. Drei Radstände standen beim Pritschenwagen zur Auswahl. Darüberhinaus gab es einen Kipper und Sattelzugmaschinen mit zwei Radständen.

Der L/LP 1313 ergänzte ab September 1967 das Programm der mittleren Klasse mit einer weiteren Nutzlastvariante, die es auf einen Nutzlastfaktor von 1:2,09 brachte. Die LP-Typen hatten bereits das neuere Fahrerhaus mit dem kubischen Design. Die Motorisierung bestand aus dem Basismotor OM 352 mit zunächst 126 PS und ab 1969 mit 130 PS. Zusätzlich war der Ladermotor OM 352 A mit 168 PS lieferbar. Grundsätzlich entsprach die Modellauswahl der des L/LP 1113.

Der LP 1317 ersetzte ab September 1967 den LP 1216 und wurde bis September 1971 gebaut. Der Motor OM 327 hatte zwölf PS mehr Leistung, das Fahrzeug ein um 0,5 Tonnen höheres Gesamtgewicht. Die Modellpalette entsprach dem des LP 1216.

Der LP 1319 von 1970 bis 1976 unterschied sich vom LP 1319 durch den mittels längeren Hub auf 8,7 Liter vergrößerten Motor, der jetzt OM 360 hieß, 20 PS mehr Leistung und ein höheres Drehmoment hatte. Ansonsten entsprach das Modellprogramm dem der Vorgänger LP 1216 und LP 1317.

Der L/LP 327/ L/LP 1413 zwischen 1962 und 1969 war als Solofahrzeug mit hoher Nutzlast zunächst für den Export konzipiert worden. Aufgrund der relativ geringen Leistung und der beschränkten Auswahl der Abstufungen des Fünfganggetriebes konnte für die 4x2 Version auf Wunsch die Zweigang-Schaltachse der Typen L/LP 337/338 bestellt werden, so daß dann zehn Gänge zur Verfügung standen. Lieferbar waren Kurzhauber und Frontlenker. Erst allmählich gewannen diese Nutzlastriesen auch in Deutschland für den schweren Soloverkehr an Bedeutung. Besonders als Betonmischerfahrgestell gehörte der L 1413 sehr schnell zum Alltagsbild auf den Baustellen. Die L-und LP-Typen waren als 4x2 Version in zwei Radständen lieferbar. Die L-Typen gab es auch in der 4x4 Version.

Der L/LP 1513 hatte versetzte Anlaufdaten. Zuerst debütierten die LP-Typen, die von 1967 bis 1976 gebaut wurden. Die L-Typen kamen erst ab 1969 auf den Markt und wurden auch in der 4x4 Antriebsversion angeboten. Während die L-Typen nur mit dem 130 PS Saugmotor zu haben waren, wurden die LP-Typen ab 1969 auf Wunsch auch mit dem 168 PS-Ladermotor geliefert. Die L-Typen kamen in der 4x2 Version als Pritschenwagen, Kipper und Sattelzugmaschinen in zwei Radständen heraus. In der 4x4 Version wurde nur die Sattelzugmaschine mit einem Radstand angeboten, alle anderen Modelle hatten zwei Radstände zur Auswahl. Bei den LP-Typen gab es für die Pritschenwagen drei Radstände, bei den Sattelzugmaschinen zwei und beim Kipper eine Radstandsvariante.

Die L/LP 1517 gehörten zu jenen Typen, denen aufgrund sich überschneidender Motorenkonzepte bei Daimler-Benz nur ein kurzes Leben beschieden war. Den Anfang machten die zwischen September 1967 und September

Der LPK 2224 6 x 4 – ein unersetzbarer Helfer am Bau

1971 gebauten LP-Typen. Ihnen folgte im September 1969 die 4x4 Variante der L-Typen, um ab Januar 1970 durch die 4x2 Variante ergänzt zu werden. Letztere wurde nur ein Jahr gebaut. Schuld an der kurzen Bauzeit war der Motor. Nicht daß dieser schlecht gewesen wäre, aber der zunächst 8 Liter große OM 327, der den LP 1517 antrieb, und sein Nachfolger, der 8,7 Liter große OM 360, beide mit 170 PS, waren erheblich teurer als der 5,7 Liter große Ladermotor OM 352 gleicher Leistung. Da halfen auch die sagenhaften Kilometerleistungen des OM 360 nichts. Die Lücke, die dieser Motor zwischen der „kleinen Baureihe" OM 352, später 366 bzw. heute 906, und den „großen Motoren" OM 400, 420, 440 bzw. heute 500 hinterließ, wurde nie mehr geschlossen. Überlegungen zu einer dritten Baureihe tauchen deshalb immer wieder auf.

Die L/LP 1519, zwischen 1970 und 1976 gebaut, waren die stärksten Lastwagen der mittleren Klasse. Mit 15 Tonnen Gesamtgewicht und einem auf 192 PS-Motor OM 360 waren diese als Solofahrzeuge ausgelegten robusten Typen in der Bauindustrie als Kipper beliebt.

Der L 1813 (6x2 und 6x4) galt als der kleinste Dreiachser im Daimler-Benz-Programm. Der 18 Tonner war in Deutschland aufgrund seiner dürftigen Motorisierung mit nur 126 PS – ab 1969 mit 130 PS, – nur selten anzutreffen. Den Typen L 1817 (6x4) und L 1819 (6x4) ging es mit ihren 170 PS- bzw. 192 PS-Motoren des Typs OM 360 nicht viel besser. Auch sie blieben auf deutschen Straßen und Autobahnen nur Randerscheinungen.

Einsatz im Straßenbau – der LPS 2224 6 x 4

Schwere Lastwagen

Die L/LP 337 waren bei ihrem Erscheinen im März 1959 die Einstiegsmodelle in die Welt der Gaggenauer Schwerlastwagen, wurden aber nur bis zum November 1960 gebaut. Mit 12 Tonnen Gesamtgewicht bei 7,3 Tonnen Nutzlast und einem Lastzuggewicht von 24 Tonnen nutzten sie die 172 PS des Motors OM 326. Auch sie waren den Seebohmschen Verkehrsgesetzen angepaßt worden. Für den Export mit seinen höheren zulässigen Gesamtgewichten gab es die Variante L 332 B, dessen Gesamtgewicht 7 Tonnen höher lag. Als Besonderheit verfügten diese Typen über eine Zweigang-Schaltachse. Zu den fünf Gängen des synchronisierten Getriebes konnte jeweils eine weitere Übersetzungsstufe der Hinterachse zugeschaltet werden, so daß insgesamt zehn Gangstufen zur Verfügung standen.

Mit dem L 337 in der Kategorie der schweren Lastwagen begann bei Daimler-Benz im März 1959 die Ära der

Der 1626 mit neuem V8-Motor mit 256 PS

Kurzhauber, die äußerst erfolgreich war und mit geringen stilistischen Änderungen fast vier Jahrzehnte andauerte. 1996 lief in Wörth ein L 1924 als letzter Kurzhauber-Schwerlastwagen vom Band. Parallel zu dieser Neuerscheinung wurde auch die Frontlenkervariante LP 337 präsentiert, die den Frontlenkertypen aus Mannheimer Produktion entsprach.

Die L-Typen waren als Pritschenwagen mit zwei Radständen lieferbar, ebenso als Kipper und Sattelschlepper mit je einem Radstand. Die LP-Typen wurden als Pritschenwagen mit drei und als Sattelzugmaschine mit zwei Radständen hergestellt. Bereits im November 1960 liefen in Gaggenau die letzten L/LP 337 vom Band.

Der 1632 mit einem 320 PS starken V10-Motor war 1971 der stärkste Mercedes-Benz-LKW

Erneut geänderte Gesetze machten einen Nachfolger erforderlich. L/LP 338 / L/LP 1418 waren nichts anderes als neuen gesetzlichen Vorgaben mit höherem Gesamtgewicht angepaßte L/LP 337. Das Gesamtgewicht war zunächst von 12 Tonnen beim L/LP 337 auf 13,5 Tonnen beim L/LP 338 angehoben worden, ab Mai 1962 betrug es dann 14 Tonnen. Parallel dazu wurde die Motorleistung des OM 326 auf 180 PS erhöht. 1964 wurde der Vorkammermotor OM 326 durch den Direkteinspritzermotor OM 346 mit zunächst identischer Leistung und später

185 PS abgelöst, der sich durch geringeren Verbrauch und größere Zuverlässigkeit auszeichnet.
1963 erfolgte parallel zu den Mannheimer Typen die Umbenennung in L/LP 1418. Äußerlich waren die Kurzhaubertypen des L 338 an den bis zum Kotflügel herumgezogenen Stoßstangen zu erkennen. 1967 erhielten die L-Typen ein Fahrerhaus mit höherem Dach und Dachluke, höherer Windschutzscheibe und drei Scheibenwischern. Pritschenwagen und Kipper gab es mit zwei Radständen, die Sattelzugmaschine mit drei Radständen. Die L-Typen wurden bis Dezember 1976 gebaut. Die LP-Typen mit dem runden Fahrerhaus – Baureihe 338 – liefen bis 1968. Ab August 1965 wurde das runde Fahrerhaus allmählich durch das neue kubische Fahrerhaus der Baureihe 354 abgelöst. Pritschenwagen und Sattelzugmaschinen gab es jeweils mit zwei Radständen. Der LP 1418 wurde bis Januar 1976 gefertigt.
Die L/LP 334 / L/LP 1620 bis 1624 bildeten mit 16 Tonnen Gesamtgewicht und 38 Tonnen Lastzuggewicht die Spitzentypen im Bereich der Schwerlastwagen bei Daimler-Benz. Die Typenbezeichnung wurde wie bei allen Lastwagen der Daimler-Benz AG 1963 auf die Nummerngruppe, die das Gesamtgewicht und die Motorleistung signalisierte, umgestellt. Für den Export wurden die Schwerlastwagen dieser Kategorie mit einem auf 19 Tonnen angehobenen Gesamtgewicht gebaut, die dann als erste beiden Zahlen eine 19 in der Typenbezeichnung führten.
Die Toptrucks bei Daimler-Benz machten in den 13 Jahren zwischen 1960 und 1973 unterschiedliche Entwicklungen durch. Während die Kurzhauberlastwagen, die L-Typen, in ihrem äußeren Erscheinungsbild bis in die Mitte der 90er Jahre nur geringfügige Änderungen über sich ergehen lassen mußten, fand bei den Frontlenkern, den LP-Typen, neben kleineren Änderungen ein große Modifikation in Form eines komplett neuen Fahrerhauses statt.
Bei beiden gleich war die Motorenentwicklung. Sie begann mit dem 10,8-Liter-Vorkammermotor OM 326 mit 200 PS, der ab 1964 durch den gleich großen Direkteinspritzermotor OM 346 mit 210 PS abgelöst wurde. Ab Dezember 1967 wurde der Hubraum auf 11,6 Liter angehoben und die Leistung auf 230 PS erhöht, die ab August 1969 nochmal einen Zuschlag um 10 PS auf 240 PS erhielt. Dieser Motor erhielt die Bezeichnung OM 355 und wurde noch jahrzehntelang in Brasilien eingebaut. Er erhielt dort leistungstarke Versionen mit Abgasturbolader und später sogar Ladeluftkühlung mit Leistungen bis zu 320 PS.

Als Baustellenkipper mit V10-Motor – der 2232 6 x 4

Der 1632 4 x 4 ist ein Henschel mit Mercedes-Benz Motor, Getriebe und Achsen

Die L-Typen, intern zur Unterscheidung von den Vorgängern mit langer Haube als B-Typen bezeichnet, machten von Anfang an durch ein bulliges Erscheinungsbild auf sich aufmerksam, das besonders durch die hohen Stoßstangen mit den darin eingelassenen ovalen Scheinwerfern unterstrichen wurde. Dieses Erscheinungsbild änderte sich – bis auf das höhere Fahrerhaus mit Dachluke, der höheren Windschutzscheibe und den drei Scheibenwischern – seit 1967 nicht. Pritschenwagen, Kipper und Allradwagen wurden für das Inland mit nur einem Radstand geliefert, die Sattelzugmaschine gab es mit zwei verschiedenen Radständen, je nachdem, ob ein langes oder kurzes Fahrerhaus aufgebaut war. Die 19 Tonner für den Export wurden in der 4x2 und 4x4 Ausführung als Kipper mit zwei unterschiedlichen Radständen angeboten.

Die LP-Typen hatten zunächst das alte runde Frontlenkerfahrerhaus mit der geteilten Windschutzscheibe. Ab September 1961 wurde das Fahrerhaus überarbeitet und bis Juli 1963 weiter produziert. Die Scheinwerfer erhielten wie bei den Kurzhaubern eine ovale Form und wurden in die höher gestaltete Stoßstange integriert. Die waagrechten Kühlschlitze in der Fahrerhausfront ersetzten Lochbleche, zur besseren Belüftung wurden rechts und links eine Belüftungsklappe angebracht.
Ab August 1963 sorgte das neue kubische Fahrerhaus mit der Unterbodenanordnung des Motors für ein völlig neues Raumgefühl und neuen Fahrkomfort, der nur noch

von den Unterflurlastwagen von Büssing überboten werden konnte.
Pritschenwagen und Kipper wurden mit einem Radstand, die Sattelzugmaschinen mit zwei Radständen geliefert. Für den Export gab es dagegen den 19 Tonner-Pritschenwagen mit zwei Radständen und die Sattelzugmaschine mit einem Radstand.
Der LP 1626 / LP 1926, von 1971 bis 1974 gebaut, war das zweite Typenpaar, das mit einem Triebwerk aus der neu konzipierten Baukasten OM 400 ausgerüstet war. Der V8-Saugmotor OM 402 mit 12,8 Liter Hubraum leistete 256 PS und war als Ersatz für die Fahrzeuge gedacht, in welche der 240 PS leistende OM 355 installiert war. Für den deutschen Markt waren die Fahrzeuge auf 16 Tonnen Gesamtgewicht bei 32 Tonnen Lastzuggewicht ausgelegt und als Pritschenwagen, Kipper, Sattelzugmaschine und Fahrgestell für Wechselaufbauten lieferbar. Für den Export wurde die auf 19 Tonnen Gesamtgewicht aufgelastete Version der Pritschenwagen- und Sattelzugmaschine bereitgestellt.
Mit dem LP 1632 / LP 1932 stellte Daimler-Benz auf der IAA 1969 seine Antwort auf die von Bonn geforderten 8 PS/t bei 38 Tonnen Gesamtzuggewicht der Öffentlichkeit vor. Mit dem 16 Liter großen V10-Saugmotor OM 403 mit 320 PS begann bei Daimler-Benz eine neue Ära im Motorenbau für Nutzfahrzeuge. Aufgrund des Baukastenprinzips, das sich eines hohen Anteils an Gleichteilen bediente, waren die Motoren kostengünstig zu produzieren. Die Palette der Triebwerke reichte zunächst vom Reihensechszylindermotor für Omnibusse über V6, V8 bis hin zum V10-Motor für den Lastwageneinbau. Im Sonderfahrzeug- und Stationärmotorenbereich wurden sogar V12-Motoren eingesetzt. Für den Einbau in Radpanzer der Bundeswehr wurden auch aufgeladene Motoren gebaut.
Die Zwillinge L 1632/1932 hatten das äußerlich fast nicht von den Vorgängern zu unterscheidende kubische Fahrerhaus mit der wichtigen Ausnahme, daß dieses Fahrerhaus jetzt als Kippfahrerhaus vorgesehen war. Für den deutschen Markt waren die Fahrzeuge auf 16 Tonnen Gesamtgewicht bei 38 Tonnen Lastzuggewicht ausgelegt. Sie waren als Pritschenwagen, Kipper, Sattelzugmaschine und Fahrgestell für Wechselaufbauten bestellbar. Für den Export wurde die auf 19 Tonnen aufgelastete Version der Pritschenwagen und Sattelzugmaschinen geliefert.
Bei den allradangetriebenen – 4x4 und 6x6 – Frontlenkern befand sich Daimler-Benz damals in der Klemme. Die Fahrzeuge der neuen Frontlenker, intern einfach NG – für Neue Generation – genannt, waren noch nicht so weit. Für die bisherigen Frontlenker mit dem kubischen Fahrerhaus extra 4x4 und 6x6 angetriebene Lastwagen zu entwickeln, lohnte sich nicht mehr. Um keine Zeit zu verlieren und auf dem Markt präsent zu sein, baute man kurzerhand in die vorhandenen Henschel Frontlenker die neuen V8- und V10-Motoren und die neuen AP-Achsen ein, versah das Ganze mit einem Mercedes-Stern auf dem Kühlergrill und hatte somit auch geländegängige Frontlenkerlastwagen. Die Typenbezeichnungen lauteten LAPK 1632 4x4 und LAPK 2632 6x6 für die Kipper und LAPS 1632 4x4 bzw. 6x6 für die Sattelzugmaschinen.
Die Sattelzugmaschinen der Typen LPS 2020 bis zum LPS 2024 mit ihren zwei gelenkten Vorderachsen waren die Nachfolger des legendären LPS 333. Antriebsseitig entsprachen sie den entsprechenden Pritschenwagen LP 1620 bis LP 1624.
L 2220 bis 2624, LP 2223 bis 2226, jeweils in 6x4 oder 6x6 Antriebskonfiguration lieferbar bildeten ab 1964 das Rückgrat der schweren Dreiachser bei Daimler-Benz. Im Grunde war man 1964 recht spät dran, als man sich mit dem L 2220/2620 als 6x4 und 6x6 Fahrzeug daran machte, in das vom Wettbewerb schon aufgeteilte Segment der schweren Haubendreiachser einzusteigen. Die robusten Kurzhauber mit drei Achsen überzeugten die Kunden durch ihre gute Geländegängigkeit und zuverlässige Anspruchslosigkeit. Sie schafften es so innerhalb kurzer Zeit, zum Marktführer zu werden. Die Motorenentwicklung innerhalb der Baureihe verlief parallel zu der der Pritschenwagen. Für den Export waren die Dreiachser mit 26 Tonnen Gesamtgewicht vorgesehen. Diese erfreuen sich bis heute großer Beliebtheit und hohen Ansehens in Arabien und Afrika .
Da der Schwerpunkt bei den Kipperfahrgestellen lag, wurden diese auch mit zwei Radständen zur Auswahl angeboten. Pritschenwagen, Sattelzugmaschinen und Betonmischerfahrgestelle wurden nur in einer Radstandslänge offeriert. Mit dem LP 2223 bzw. später LP 2224 wurden ab 1967 auch Frontlenkerdreiachser in der schweren Nutzfahrzeugklasse zu haben.
Sie waren in den Antriebskonfigurationen 6x4 und 6x2 lieferbar, letztere mit einzelbereifter Nachlaufachse. Der Sechszylinder-Reihenmotor OM 355 hatte bis September 1969 230 PS und wurde dann sukzessive mit 240 PS Leistung eingebaut.
Der LP 2226 in 6x4 und 6x2 Ausführung war der Nachfolger mit dem V8-Motor OM 402 mit 256 PS, der ab März 1972 bis August 1974 gebaut wurde. Der LP 2232 in 6x4 und 6x2 Ausführung erfüllte mit seinem 320 PS leistenden V10-Motor OM 403 die 8 PS/t Leistungsformel für 38 Tonnen Gesamtzuggewicht. Sie wurden von März 1971 bis August 1974 gebaut.

S LW 8920

1857

Aufbruch zu neuen Ufern 1973 bis heute

Die Jahre ab 1973 stellen die turbulenteste und innovativste Zeit in der Nutzfahrzeuggeschichte dar. Der Konzernname änderte sich von Daimler-Benz in DaimlerChrysler. Dahinter verbergen sich nicht nur reine Namensänderungen, sondern auch tiefgreifende Wandlungen innerhalb des Konzerns. Sicher ist, daß die Marktkapitalisierung nach dem Zusammenschluß einen Wert von ca. 183 Milliarden US-Dollar erreicht hat, die potentielle Übernahmen, wie sie 1992/93 durch Fords dynamischen Chef Jack Nasser wetterleuchteten und heute beispielsweise bei BMW oder Scania immer wieder in der Presse erscheinen, ausschließt. Hier hat DaimlerChrysler-Chef Jürgen E. Schrempp die Menetekel sicher richtig gedeutet. Der Produktname der Fahrzeuge änderte sich von Daimler-Benz in Mercedes-Benz.
Nachdenklich stimmt der Sachverhalt, daß der Aufwand für Forschung und Entwicklung (R+D Anteil = Research and Developement) eine eher sinkende Tendenz aufzeigt. Weist z.B. Toyota bei einer Marktkapitalisierung

1973 wurden mit der NG73 in der schweren Klasse neue Akzente gesetzt …

… der Actros setzt 1996 diese erfolgreiche Tradition fort

von 186 Milliarden US-Dollar einen R+D Anteil von ca. 6 bis 7 Prozent auf, so liegt er bei DaimlerChrysler bei ca. 5 Prozent mit dem Trend nach unten. Ob das auf die Dauer für den Erhalt des Premium-Anspruchs, der ja auch im Nutzfahrzeugbereich erhoben wird, genügt, wird die Zukunft zeigen.

Die politischen Rahmenbedingungen der letzten drei Jahrzehnte spielen eine traurige Rolle. Regierungen, egal welcher Couleur, neigen dazu, in sehr unprofessioneller Weise dem Güterfernverkehr die traditionelle Rolle des Störenfrieds auf den Straßen zuzuweisen. Aber der Güterverkehr auf der Straße nimmt international und grenzüberschreitend zu. Dennoch werden die Straßenbauinvestitionen kurzfristiger Haushaltskosmetik zuliebe heruntergefahren und Verkehrsminister nach Belieben verschoben. Dieses Fehlverhalten über Jahrzehnte führt zu Umweltbelastungen der Bevölkerung und zu Beeinträchtigungen und Kostenbelastungen der deutschen Wirtschaft, die, wenn nicht international vernetzt, keine Ausgleichsmöglichkeiten hat.

Trotz ungünstiger Rahmenbedingungen wurde auf dem Fahrzeugsektor beachtliches geleistet. Vergleicht man einmal die Geschwindigkeiten und Verbrauchswerte auf der seit Jahrzehnten nahezu konstanten Testrunde der deutschen Fachzeitschrift lastauto omnibus, so wird das besonders deutlich. Ein 1632 mit seinen 320 PS des Jahres 1974 benötigte als 38 Tonnen Lastzug für den ca. 800 Kilometer langen Umlauf 41,8 Liter Kraftstoff bei einer Durchschnittsgeschwindigkeit von 58,9 km/h. Ein 1853 LS mit 530 PS aus dem Jahr 1998 und 40 Tonnen Gesamtgewicht kam auf einen Verbrauch von 33,4 Litern bei einer Durchschnittsgeschwindigkeit von 73,5 km/h. Was aus den reinen Zahlen nicht hervorgeht, ist die deutlich geringere Belastung der Umwelt durch den geringeren Schadstoffausstoß des heutigen 40 Tonners. Hier treten Fortschritte zutage, die im öffentlichen Bewußtsein zu wenig Resonanz finden.

Die Anfangszeit dieser drei Jahrzehnte, speziell in der schweren Klasse ab 16 Tonnen Gesamtgewicht, sind auch gekennzeichnet von dem mühsamen Untertürkheimer Weg zum ladeluftgekühlten Turbomotor, auch als Intercooler bezeichnet. Hier tat sich Daimler-Benz im Gegensatz zu DAF, MAN, Scania und Volvo oft unverständlich schwer. Hatte man doch im Bereich der Motorenbaureihe OM 352 durchaus positive Erfahrungen gesammelt.

Ein wichtiger Schritt war schließlich der Einzug der Elektronik in den guten alten Lastwagen. Was heute in einem Actros via Datenbus geregelt wird, das konnte sich vor drei Jahrzehnten niemand im entferntesten vorstellen. Ohne den Einsatz der Elektronik wären weitere wichtige Punkte gar nicht zu realisieren gewesen. Das sind größere Umweltverträglichkeit über niedrigere Lärmemmission und gesenkte Verbräuche bei drastisch gesenkten Schadstoffwerten bei gleichzeitig höherer Motorleistung. Die Sicherheit wird, durch den Einsatz von Scheibenbremsen mit ABS, die effektivere Motorbremse durch die Konstantdrossel und die Abstimmung unterschiedlicher Bremssysteme untereinander, drastisch erhöht.

Last but not least spielt der Fahrerkomfort eine entscheidende Rolle bei der Transportsicherheit. Hier hat sich in den letzten drei Jahrzehnten Entscheidendes getan. Ein Trucker von heute hat sich weit von der rußgesichtigen Dampflokzeit entfernt. Telefon und GPS sorgten indes für die kurze Leine, an der die Trucker von heute, angesichts sich verschärfender Wettbewerbssituationen und Anforderungen der Dienstleistungsgesellschaft, geführt werden. Von vielen bedauert, aber nicht mehr zu ändern, ist die permanente Bildschirmpräsenz des Einzelnen bei Disponenten und Chefs. Klimaanlagen, Lärmwerte, die im Fahrerhaus unter Pkw-Niveau liegen und größere Raumvolumina der Fahrerkabinen bedeuten andererseits eine entscheidende Entlastung der durch Zeitstreß geplagten Brummilenker.

1973 war die „heile" Welt des Lkw so ziemlich durcheinandergeraten. Das hatte mehrere und vielschichtige Ursachen, die in der Währungspolitik, der Politik und dem technischen Fortschritt lagen. Währungspolitisch bedeutete das Ende von Bretton Woods mit seinen festen Wechselkursen und der Goldabsicherung des Dollars ein mittleres Beben. An freie Wechselkurse mußte sich nicht nur die global operierende Wirtschaft erst gewöhnen. Hinzu kam eine überhitzte Konjunktur mit dramatisch gestiegenen Rohstoffpreisen in den Jahren 1972 und 1973. Die inflationären Tendenzen in der Bundesrepublik erreichten, trotz harter Maßnahmen seitens der Bundesregierung und Bundesbank, den höchsten Stand seit der Koreakrise der Jahre 1950/51.

Der Krieg in Israel führte als Folge der Unterstützung Israels durch den Westen zu einem Ölembargo der ölfördernden Länder mit Lieferreduzierungen um 30 Prozent. Gleichzeitig wurde der Rohölpreis um das bis zu Vierfache angehoben. Die sogenannte Ölkrise war perfekt. Fahrverbote und Geschwindigkeitsbeschränkungen waren die Folge. Die rapide gestiegenen Energiekosten ließen den Konsum zusammenbrechen, was besonders die Automobilindustrie zu spüren bekam.

Die Kehrseite der Medaille bestand in plötzlichem Reichtum der ölfördernden Länder, die jetzt über Nacht versuchten, ihren Rückstand auf die Industrieländer aufzuholen. Unter diesen Aspekten waren für Daimler-Benz das zentrale Lkw-Werk in Wörth und das ehemalige Henschel-Werk in Kassel ein Segen. Während im Transporterbereich die Nachfrage in den Keller ging, erlebte die Nachfrage nach Schwerlastwagen aus den ölfördernden Ländern des Nahen Ostens und aus Afrika einen nicht vorhersehbaren Boom.

Dank der neu geschaffenen Kapazitäten, der langjährigen, guten Kontakte in den Nahen Osten und nach Afrika, partizipierte der Schwerlastwagenbau von dieser Nachfragewelle. Während andernorts Katerstimmung herrschte, konnte Daimler-Benz im Export 1974 seine Erlöse um 26,7 Prozent steigern. Damit übertraf der Auslandsumsatz zum ersten Mal den Inlandsumsatz. Die Unabhängigkeit von einzelnen starken Märkten und die Pflege alter Kontakte machten sich bezahlt.

Auf der technischen Seite setzten 1973 die holländischen Lastwagenkonstrukteure bei DAF mit dem ersten europäischen Serienmotor mit Lader und Ladeluftkühlung neue Maßstäbe, um die mittel- und langfristig kein Hersteller mehr herumkam. Den in Italien ab 1976 erlaubten 44 Tonnen Gesamtzuggewicht begegnete Daimler-Benz, mangels einsetzbarer Turbomotoren, vorübergehend mit vielzylindrigen Saugmotoren von bis zu 12 Zylindern.

Ab Januar 1973 wurde bei den leichten Transportern die hintere Kurbellenker-Starrachse mit Drehstabfedern der Tempo-Ära durch eine einfachere Starrachse mit Halbfedern ersetzt. Auf der IAA 1973 erregte Daimler-Benz mit der Vorstellung einer neuen Schwerlastwagen-Baureihe, der „Neuen Generation", großes Aufsehen. Sie wurde intern und halboffiziell als NG 73 bezeichnet. Erstes Segment dieser neuen Baureihe waren die schweren Baustellenfahrzeuge zwischen 16 und 26 Tonnen Gesamtgewicht. Damit entfiel die Übergangsbaureihe mit Daimler-Benz- Motoren und -Achsen auf Henschel-Basis aus dem Werk Kassel. Hierhin wurde vorläufig die Produktion der schweren Haubenfahrzeuge verlagert, die Transporterfertigung aus dem Werk Hamburg-Harburg – das ehemalige Tempo-Werk – in das Werk Bremen. Zum ersten Mal wurde die Möglichkeit der Baukastenproduktion der Motorenbaureihe OM 400 voll ausgeschöpft. Es kamen V6-, V8- und V10-Motoren zum Einsatz, die alle nach dem Gleichteileprinzip gebaut wurden.

Schwere Dreiachs-Sattelzugmaschine 2626 AS 6 x 6 mit Sattelkipper im Baustelleneinsatz

PF EL 40

Im Mai 1974 wurde die Fahrzeugpalette der NG 73 zwischen 16 und 26 Tonnen Gesamtgewicht um Pritschenwagen, Sattelzugmaschinen und Sonderfahrzeuge erweitert, so daß jetzt bei den Schwerlastwagen das runde Fahrerhaus mit der schräg gestellten Windschutzscheibe dominierte.
Im November 1974 kam Dramatik in die deutsche Wirtschaftspolitik, als bekannt wurde, daß sich die Quandt-Gruppe von einem Hauptteil ihres DB-Aktienpakets, das immerhin 14 Prozent betrug, trennen würde. Zunächst herrschte über den neuen Anteilseigner tiefes Schweigen. Erst am 2. Dezember wurde bekannt, daß der neue Anteilseigner das Scheichtum von Kuwait ist. Das Scheichtum, das keinen Anspruch auf ein Aufsichtsratmandat erhob und keinen Einfluß auf die Unternehmenspolitik nehmen würde, ließ sich durch die Dresdner Bank vertreten, die seit 1948 im Aufsichtsrat sitzt. An diesem Prozedere hat sich in den zurückliegenden Jahrzehnten nichts geändert. Friedrich Karl Flick war mit 39 Prozent und die Deutsche Bank mit 28,5 Prozent Mehrheitseigner bei der Daimler-Benz AG.
Im Januar 1975 kam erneut erhebliche Unruhe auf, als bekannt wurde, daß Friedrich Karl Flick über den Verkauf seines Anteils an den Iran verhandelte. Der damalige Vorstandsvorsitzende der Deutschen Bank, Franz Heinrich Ulrich, erreichte nach Kontaktaufnahme mit dem Bundeskanzler, den zuständigen Bundesministerien und der Bundesbank, daß die Deutsche Bank 29 Prozent der Daimler-Benz-Aktien aus dem Flick-Paket und 10 Prozent bei Flick erwarb. Die 29 Prozent blieben über die Jahre hinweg über die am 3. Februar 1976 gegründete MAH – „Mercedes-Automobil-Holding AG" –, die „Stern Automobil-Beteiligungs GmbH" und die „Stella Automobil Beteiligungs GmbH" auf dem Kapitalmarkt untergebracht. Dieser Vorgang wurde im Jahr 1981 abgeschlossen und war einzigartig in der deutschen Unternehmensgeschichte.
Auf der IAA 1975 wurde die Palette der „Neuen Generation" um die Mittelklasse von 10 bis 16 Tonnen Gesamtgewicht erweitert. Gleichzeitig wurde eine neue Sattelzugmaschine mit zwei gelenkten Vorderachsen (LPS 2032 6x2–4) als Nachfolgerin der legendären Zugmaschine LPS 333/2020 bis 2032 vorgestellt. Für den kombinierten Verkehr mit Wechselpritschen wurde zunächst bei den Schwerlastwagen die luftgefederte Hinterachse eingeführt.
Im Oktober 1975 lief im Werk Gaggenau die Produktion der für das in- und ausländische Militär wichtigen Lkw-Ausführung des Unimog der Baureihe 435 mit 130 PS und 168 PS an. Das Werk Kassel – ex Henschel-Werk – erlebte derweil mit 12 750 produzierten Kurzhauberfahrzeugen der schweren Klasse seinen Höhepunkt als Produktionsstandort für Daimler-Benz Lastwagen und im November 1976 begann mit dem LP 1013 die Produktion des bis dahin schwersten Modells der leichten LP-Baureihe.
Zuvor, im Januar 1977, erfolgte im Werk Bremen noch der Produktionsanlauf einer neuen Transporterreihe, welche die bis in Tempo-Zeiten zurückreichenden Transporter mit Frontantrieb ablöste. Intern und bald auch extern wurden diese neukonstruierten Fahrzeuge auch als TN – Transporter Neu – oder T 1 bezeichnet. Geliefert wurde der TN zunächst mit dem 85 PS-Vergasermotor M 115 und dem 65 PS-Dieselmotor OM 616, beide aus dem Pkw-Programm abgeleitet.
Im Juli 1977 erhielten die in Düsseldorf gebauten mittleren Transporter eine weitere Variante, den L 613 D. Dieser, mit dem Sechszylinder-130 PS-Motor OM 352 aus dem Lkw-Programm bestückt, ist mit bis zu 3,5 Tonnen Nutzlast zu ansehnlichen Fahr- und Transportleistungen in der Lage.
Am 1. August 1977 übernahm Daimler-Benz in den USA die Firma Euclid von dem Nutzfahrzeughersteller White für einen Kaufpreis von 56 Millionen Dollar. Euclid ist Hersteller von Erdbewegungsmaschinen und Schwerlastfahrzeugen für den Tageabbau in Erz- und Kohleminen.
Zur IAA im September 1977 wurde die Auswahl an Fahrerhäusern der „Neuen Generation" um eine dritte Version eines Fahrerhauses erweitert. Das sogenannte „Franzosenfahrerhaus" ist eine mittellange Version und geht auf Zulassungsvorschriften für Zugmaschinen in Frankreich zurück. Es spielte zunehmend auch im Inland im mittelschweren Verteilerverkehr eine Rolle.
Nachdem die Produktion der schwereren Kurzhauberlastwagen von 10900 Einheiten im Jahr 1976 auf 7400 Einheiten im Jahr 1977 zurückgegangen war, wurde die Produktion in das zentrale Lkw-Werk nach Wörth verlagert. Das Werk Kassel wurde nun zum zentralen Produktionsstandort für Lkw-Achsen der Daimler-Benz AG.
Im September 1978 begann mit dem LP 1113 die Produktion des nunmehr schwersten Modells der leichten LP-Baureihe.
Auf der IAA 1979 wurden bei Daimler-Benz überarbeitete Schwerlastwagen unter der Bezeichnung NG 80 – Neue Generation 80 – vorgestellt. Standardmotorisierung war ein 280 PS leistender Saugmotor. Außerdem wurde zur allgemeinen Überraschung ein V8-Motor mit Abgasturbolader und Ladeluftkühlung (375 PS) gezeigt, der ein Jahr später in Serie ging. Gleichzeitig wurde an

Der 6 x 6 Kipper der NG73 ist hart im nehmen

Die 1633 als klassische Gespanne im Fernverkehr

Der 2028 6 x 6 mit Einzelbereifung

diesem Fahrzeugtyp das Großraumfahrerhaus vorgestellt, das die gesamte Fahrzeugbreite – plus 164 Millimeter – ausnutzt und über eine größere Innenhöhe – plus 148 Millimeter – verfügt und somit einen besseren Raumkomfort beim Langstreckeneinsatz bietet.

Die bekannte Motorenbaureihe OM 401 bis 403 wurde überarbeitet. Mit der Hubraumvergrößerung durch größere Bohrung und längeren Hub erhielten die Motoren jetzt die Bezeichnung OM 421 bis 423.

Die Produktion der Fahrzeuge der NG 80 begann mit dem 1628; sie kam allerdings erst ein Jahr später richtig in Schwung. Der Übergang von den Fahrzeugen der NG 73 zu der NG 80 verlief fließend und erstreckte sich auf das folgende Jahr.

Gegen Ende der 80er Jahre machte sich ein Wandel in der Lastzugkonfiguration bemerkbar. Dominierte bis dahin im Fernverkehr eindeutig der zweiachsige Pritschenwagen mit dem Dreiachser-Hänger, so rüstete sich die Sattelzugmaschine mit Auflieger zur Ablösung. Sie gewann allmählich immer mehr an Bedeutung.

Noch Ende Januar präsentierte Daimler Benz in Rovaniemi das mit WABCO zusammen entwickelte ABS System für Nutzfahrzeuge.

Unter dem Schlagwort NG 80 wurden die mittleren und schweren Nutzfahrzeuge grundlegend überarbeitet.

Ab November 1980 wurde die Produktpalette durch den Standardmotor mit Abgasturbolader (330 PS) ergänzt. Während sich der heimische Erzrivale MAN ganz auf die Weiterentwicklung und Perfektionierung seiner Reihenmotoren konzentrierte, hielt Daimler-Benz an seinem Baukastenkonzept der V6-, V8- und V10-Motoren fest. Hier spielten alte arbeitsteilige Vereinbarungen eine Rolle, die vorsahen, daß Daimler-Benz sich bei den Schwerlastfahrzeugen auf V-Motoren konzentriert, während die MAN dasselbe bei den Reihenmotoren tut. So kam es, daß die Motorenblöcke für die riesigen V10-Motoren heute noch von Mercedes-Benz zugeliefert werden. Die neuen Ladermotoren der Baureihe OM 422 wurden zu einem vollen Erfolg. Sie vereinten schwäbische Genügsamkeit beim Kraftstoffverbrauch mit hervorragenden Durchschnittsgeschwindigkeiten. Das ist insofern wichtig, da im Speditionsgewerbe die zeitabhängigen Kosten im Fernverkehr mehr als 50 Prozent ausmachen. Die Daimler-Benz AG hatte den Anschluß an MAN, Volvo, Scania und DAF wieder gefunden, den sie mit ihren Saugmotoren zeitweise verloren hatte.

Äußerlich sind die Fahrzeuge der NG 80 an den beiden Windleitkörpern auf beiden Seiten des Kühlergrills und dem Wegfall der beiden Chromleisten an beiden Seiten des Mercedes-Sterns im Kühlergrill zu erkennen.

Die Sattelzugmaschine 1638 der NG80 mit Großraumfahrerhaus

Eine wichtige Änderung gab es bei den Sattelzugmaschinen. Um den Transport von Containern zu ermöglichen, erhielten die Zugmaschinen einen Rahmen aus einem Doppel-U-Profil. Durch den Wegfall des Hilfsrahmens konnte die Sattelkupplung 120 Millimeter niedriger montiert werden.
1981 entstand die Mercedes-Benz España. Im baskischen Werk Vitoria wurden Transporter gebaut.
Am 5. Mai 1981 übernahm die Daimler-Benz AG den renommierten US-Schwerlastwagenhersteller Freightliner. Diese Übernahme entwickelt sich im Laufe der Jahre bis zum heutigen Tag für beide zu einer Erfolgsstory ohne Ende.
Ab Herbst 1981 erhielten die Transporter der TN-Baureihe mit den Typen 407D bis 410 eine Ergänzung nach oben mit 4,6 Tonnen Gesamtgewicht. Als Antriebsquelle standen für den TN generell der Vierzylinder-Dieselmotor OM 616 mit 72 PS, der Fünfzylinder-Dieselmotor OM 617 mit 88 PS und der Vierzylinder-Benzinmotor M 102 mit 95 PS bereit.
Mitte 1981 beginnend, lief die Produktion der Lastwagen der NG 80 mit 12, 14 und 16 Tonnen Gesamtgewicht an. Die Typen 1222, 1422 und 1622 wurden von dem 216 PS starken V6-Motor OM 421 angetrieben. Ab November wurde die Palette der 14 Tonner durch den 1425 mit dem auf 250 PS gedrosselten V8-Motor OM 422 ergänzt.

1981 lief im Werk Wörth mit einem 1633 der einmillionste Lastwagen vom Band. In nur 16 Produktionsjahren war diese stolze Stückzahl erreicht worden.
Im August 1982 erfolgte der Ersatz des Ottomotors M 115 durch das modernere Triebwerk M 102 in den Transportern T 1 und T 2.
1982 faßte Daimler-Benz in der Schweiz unter dem Kürzel NAW (Nutzfahrzeugwerke Arbon Wetzikon) die traditionsreichen Schweizer Lastwagenhersteller FBW und Saurer zusammen. NAW ist bis heute für Sonderkonstruktionen in kleinen Stückzahlen zuständig und dient dem Werk Wörth als Zulieferer.
Am 20. Januar 1983 gewann der Exporttyp 1936 AK (Allrad-Kipper mit 19 Tonnen Gesamtgewicht und 356 PS des V10-Saugmotors OM 423) die Lastwagenwertung der Rallye Paris–Dakar. Bei diesem Wettbewerb belegten ein Jahr später gleich zwei Lastwagen des gleichen Typs die ersten beiden Plätze.
Anfang/Mitte 1983 wurde die mittlere Baureihe der NG 80 mit den neuentwickelten Sechszylinder-Motoren OM 366 mit 136 PS bzw. OM 366 A mit 170 PS ausgerüstet. Die Motoren der Typen 1414 und 1417 C entstanden auf der Basis der erfolgreichen Motoren OM 352 und OM 352 A

durch Hubraumvergrößerung auf 6 Liter bei größerer Bohrung und längerem Hub. Bei dem Motor des 1419 C mit 192 PS, der als Intercooler mit ATL und Ladeluftkühlung ausgerüstet war, griff man noch auf die alten Abmessungen des OM 352 mit 5,7 Liter Hubraum zurück. Dieser Motor erhielt die Bezeichnung OM 362 LA. Da es für die Lastwagen mit dem 170 PS und dem 192 PS-Motor bereits Vorgängertypen mit ähnlicher Leistung gegeben hatte, erhielten diese Typen die Zusatzbezeichnung C hinter der Zahlenreihe.

Ende Februar 1984 wurden in Rom mit den Typen 709, 809, 814, 914, 1117 und 1120 die ersten Nachfolger der leichten Lastwagen LP 608 bis LP 1113 präsentiert. Intern und bald auch extern liefen diese Neuerscheinungen unter dem Suffix LN 2 (Lastwagen Neu der internen zweiten Gewichtsklasse, daher die 2). Angetrieben wurden diese Neukonstruktionen durch die Vier- und Sechszylindermotoren OM 364 bzw. OM 366, die aus den Vorgängertypen OM 314 bzw. OM 352 entstanden waren. Mit 6,5 Tonnen bis 11 Tonnen Gesamtgewicht, aber zum Teil erheblich höherer Motorleistung stellten die modern konzipierten Fahrzeuge, die u.a. als erste Lastwagen mit Niederquerschnittreifen ausgerüstet waren, einen erheblichen Fortschritt dar. Sie waren serienmäßig mit Servolenkung und einer Druckluft-Bremsanlage ausgestattet und konnten auf Wunsch sogar mit ABS bestellt werden.

Im November wurde die Palette um drei Typen erweitert. Der 11 Tonner war auch mit dem 204 PS-Intercooler-Motor lieferbar, die neuen 13 Tonner mit dem 170 PS-Motor OM 366 A oder dem Intercooler OM 366 LA mit 204 PS. Neu war in diesem Segment, daß auf Wunsch auch ein Fernfahrerhaus mit zwei Schlafliegen zur Verfügung stand, eine Einrichtung, die beim Vorgänger gar nicht lieferbar war.

So war es kein Wunder, daß diese Neuerscheinungen 1985 zum Lkw des Jahres gekürt wurde.

Im Juni 1984 lief die Produktion der Schwerlastzugmaschine 3850 A 6x6 mit 500 PS Leistung aus dem V10-Intercoolermotor OM 423 LA an.

Im März 1985 wurde die LN 2-Reihe durch den 817 ergänzt. Dieser Typ entwickelte sich sehr schnell zum Renner innerhalb dieser Baureihe, da er mit seinen 170 PS und 7,5 Tonnen Gesamtgewicht in Deutschland noch mit dem Pkw-Führerschein gefahren werden konnte und über eine für die damalige Zeit gute Motorisierung verfügte, die der Wettbewerb nicht zu bieten hatte.

Zur IAA 1985 erhielten die Schwerlastwagen eine erneute Überarbeitung, die sich hauptsächlich durch leistungsstärkere und gleichzeitig sparsamere Turbomotoren auszeichnet. OM 442 A und OM 442 LA hießen jetzt

Fahrzeuge der LK/LN2 in den Einsatzbereichen Bau …

… Verteilerverkehr

… Lebensmittelzubringer

und leichter Fernverkehr

die 354 PS bzw. 435 PS starken Motoren. Aufsehen erregte auch das elektropneumatische Schaltsystem EPS, das in diesen Fahrzeugen eingebaut wurde.
Vorrangiges Entwicklungsziel war aber nicht nur die reine Leistungserhöhung, sondern eine kräftige Drehmomenterhöhung und eine deutliche Schadstoffreduzierung gegenüber den Vorgängern. Ein gegenüber dem Wettbewerb erzielter Verbrauchsvorteil bei Teillast und ein genügsamer Vollastverbrauch waren der Lohn, der durch das modifizierte Brennverfahren mit geänderten Einspritzdüsen, darauf abgestimmte Brennraumform und bis zu 1000 bar Einspritzdruck erreicht wurde.
Als besonderes Schmankerl gilt heute noch die Einführung des EPS. Das EPS (elektropneumatisches Schaltsystem) erleichtert die Schaltarbeit der Trucker erheblich. Für das Schalten der Gänge muß der Schalthebel nur nach vorne für das Hochschalten, oder nach hinten für das Zurückschalten betätigt werden. Nach anfänglichen Schwierigkeiten mit der Elektronik und den etwas langen Schaltzeiten erlebte das EPS im Fernverkehr seinen Durchbruch. Im harten Baustellenverkehr wurde zunächst noch das bisherige Schaltsystem beibehalten.

Im März 1986 wurden die neuen Großtransporter 507 D bis 811 D der Öffentlichkeit präsentiert.
Im Juli 1986 wurden die Achslasten und Gesamtgewichte nach 20 Jahren generell angehoben. Sie betrugen für die Antriebsachse 11 Tonnen (vorher 10 Tonnen), für den Zweiachs-Lastwagen 17 Tonnen (vorher 16 Tonnen), für den Dreiachser 24 Tonnen (vorher 22 Tonnen), für die Vierachser 32 Tonnen und für Lastzüge 40 Tonnen (vorher 38 Tonnen).
Im November 1986 präsentierte Daimler-Benz das vom Bundesministerium für Forschung und Technologie geförderte und in Zusammenarbeit mit Haller und Raab Karcher entwickelte Sicherheitstankfahrzeug TOPAS (Tankfahrzeug mit optimierten passiven und aktiven Sicherheitseinrichtungen). Dieses sicherere Tankfahrzeug setzte bald den neuesten Standard.
Ab Januar 1987 galten in der Bundesrepublik Deutschland weitere neue Gewichtsbestimmungen für Nutzfahrzeuge, die höhere Nutzlasten erlaubten. Die Gesamtgewichte wurden wie folgt angehoben: Bei Solo-Lastwagen

Der 4850 zieht Schweres leicht wie selten einer

„Röntgenblick“ in die ab Mitte 1988 überarbeitete SK, Türen mit schräg abfallender Fensterlinie

mit zwei Achsen von 16 auf 17 Tonnen, bei Dreiachsern von 22 auf 24 Tonnen, bei Vierachsern von 30 auf 32 Tonnen und bei Last- oder Sattelzügen von 38 auf 40 Tonnen. 1987 setzte MAN im F90 mit dem 460 PS-V10-Motor in Sachen Leistung einen neuen Markstein im Nutzfahrzeug. Volvo toppte diese Leistung mit einem neuen 16,1 Liter großen Sechszylinder Motor mit 465 PS.
Am 4. Dezember 1987 wurde das Transporterprogramm nach unten erweitert. In Ulm stellte Daimler-Benz seinen neuen Eintonner MB 100 D vor, der in Vitoria produziert wurde und auf dem dort seit langem gebauten Transporter mit Frontantrieb aufbaute.
1988 setzte sich Scania mit einem 470 PS starken V8 Motor, der über eine elektronisch kontrollierte Einspritzung EDC (Electronic Diesel Control) verfügte, an die Spitze der Leistungsskala europäischer Trucks. Im Mai 1988 stellte Freightliner in Anaheim (Kalifornien) seine „New Generation“ vor, die als Haubenfahrzeug – Conventional – und Frontlenker – Cab over engine (COE) – geliefert wurde.
Am 4. Juli 1988 präsentierte Daimler-Benz schließlich die überarbeitete Schwere Klasse, jetzt SK genannt, die nun ab 17 Tonnen zulässigem Gesamtgewicht geliefert wurde. Spitzenmodell war der 1748 mit 480 PS, der zunächst die Pole Position im Leistungswettbewerb einnahm. Mit von

der Partie war der neue V6-Motor OM 441, der es als Intercooler auf 330 PS brachte und aufgrund seiner kurzen Bauweise für Volumentranporter prädestiniert war.
Ab Januar 1989 kamen die überarbeiteten Transporter T 1 auf den Markt. Kernstück waren aus dem Pkw abgeleitete Motoren der Baureihen OM 601 und OM 602. Auf dem Nutzfahrzeugsalon in Brüssel traten sie mit ihrer aerodynmisch verbesserten Front an die Öffentlichkeit. Dort gaben ebenfalls die neuen 15 Tonner aus der LN 2 Baureihe als 1513, 1517 und 1520 mit 136 PS, 170 PS und 204 PS ihr Debüt. Ab September 1989 wurde der 814 D mit dem 136 PS starken OM 364 LA eingeführt.
Am 29. Juni 1989 erfolgte die offizielle Umgestaltung des Konzerns: Die Daimler-Benz AG fungierte als Dachgesellschaft, der Fahrzeugbereich wurde in der Mercedes-Benz AG zusammengefaßt, die unter ihrem Chef Werner Niefer als eigenständiger Unternehmensbereich operierte.
Im September 1989 zeigte Mercedes-Benz auf der IAA ein neues Programm mit Volumentransportern. Ausgestellt waren auf LN 2-Basis der 1520 und auf MK-Basis die Typen 1733 und 2433 mit extrem kurz bauenden V6-Motoren mit 330 PS Leistung.
Im Herbst wurde Thomas Hegmann auf einem 1450 S Europameister der Klasse C, der „Königsklasse“, im Truck-Racing.
Bei der Europameistershaft des Jahres 1990 im Truck-Racing gewann Mercedes-Benz die Herstellerwertung der Klassen A und C. Europameister wurden Axel Hegmann auf dem 1733 S in der Klasse A und Steve Parrish auf dem 1450 LS in der Klasse C.
Noch einige Rekorde: Am 11. Januar 1990 wurde die SK-Baureihe zum „Truck of the Year 1990“ gewählt. Am

Der Volumentransporter 2433 mit „Topsleeper“

14. Mai 1990 wurde im Werk Düsseldorf der einmillionste Transporter seit dem Produktionsbeginn im Jahr 1962 gebaut.
Dank der deutschen Wiedervereinigung wurde eine neue Fertigungsstätte ins Auge gefaßt: Am 11. Oktober 1990 schloß die Mercedes-Benz AG mit der Treuhandanstalt und der Automobilwerk Ludwigsfelde GmbH einen Kooperationsvertrag ab. Das Automobilwerk Ludwigsfelde befand sich auf dem Gelände des ehemaligen Flugmotorenwerks Genshagen der Daimler-Benz AG.
Am 8. Februar 1991 rollte bei der „Nutzfahrzeug Ludwigsfelde GmbH“ der erste Mercedes-Benz Lastwagen vom Band. Mitte 1991 wurde die Allradausführung der Mercedes-Benz Lastwagen und Transporter der LN 1/T-2-Reihe vorgestellt und auf der IAA 1991 zeigte Mercedes-Benz den stilistisch und technisch leicht überarbeiteten Transporter MB 100 D.
Ende 1991 stellte Mercedes-Benz die neuen schadstoff- und lärmarmen Motoren und Lastwagen zwischen 245 und 503 PS nach der Euro I-Norm vor.
Mitte 1992 ließ Mercedes-Benz für die SK-Klasse eine neue Lenkung und das Hochdach-Fahrerhaus in die Serie einfließen, letzteres auf Sonderwunsch und gegen Mehrpreis. Auf der Nutzfahrzeug-IAA 1992 wurde eine

Der 1729 als klassisches Gespann

Tiefbett-Sattelzugmaschine mit 960 Millimeter Aufsattelhöhe für Volumentransporte gezeigt.
Steve Parrish wurde 1992 zum zweiten Mal Europameister in der Klasse C der Truck-Racer auf dem Mercedes-Benz 1450 S. 1993 wurden Gérard Cuynet Europameister im Truck-Racing in der Klasse bis 12 Liter Hubraum und Steve Parrish in der Klasse bis 18,5 Liter Hubraum.
Ab Anfang 1994 wurden die Leichte Klasse (LK, vorher LN 2), die schweren Transporter T 2 und die Unimogs mit Motoren nach der ab 1996 geltenden Richtlinie Euro II angeboten. Das Leistungsspektrum reichte nun von 105 bis 240 PS. Ab Mai wurden in Deutschland die „produktgepflegten“ Mittelschweren (MK) und Schweren Lastwagen (SK) mit Motoren nach der ab 1996 geltenden Richtlinie Euro II angeboten. Das Leistungsspektrum reicht von 245 PS bis 530 PS. Auch äußerlich und im Innenraum wurden die Fahrzeuge erneut überarbeitet, um die Markposition bis zur Einführung des Nachfolgers Actros im Herbst 1996 verteidigen zu können, was besonders angesichts der neuen Volvo FH-Baureihe und Scanias kommender Vierer-Baureihe Konzept kein leichtes Unterfangen wurde.

Im Herbst 1994 stand Steve Parrish als Europameister beim Truck-Racing-Cup fest.

1995 verließen am 23. Januar die ersten neuen Transporter der Sprinter-Reihe das Werk Düsseldorf. Der Sprinter war der gelungene, moderne Nachfolger des Transporters T 1. Mit ihm lancierte Mercedes-Benz für seinen Nutzfahrzeugbereich zum ersten Mal einen einprägsamen Baureihennamen, der sich besser einprägte als ein abstraktes technisches Kürzel. Der Sprinter sollte verlorenes Terrain im leichten Transportersegment, das in den letzten Jahren besonders an die Mitbewerber Ford und Fiat-Iveco verloren ging, zurückgewinnen. Was auch gelang. Mit dem Neuen läutete Mercedes-Chef Helmut Werner eine Produktoffensive im Nutzfahrzeugbereich ein, die in kurzer Zeit die Erneuerung des kompletten Lkw- und Transporterprogramms vorsah.

Im Mai 1995 erhielt der Sprinter die Auszeichnung „Van of the Year 1995".

Am 9. August 1995 lief in Düsseldorf der letzte Transporter T 1 vom Band.

Ab Januar 1997 erhielt der Sprinter eine zusätzliche Dieselmotorenvariante mit 102 PS.

Am 8. Oktober 1995 feierte Mercedes-Benz einen Dreifacherfolg beim Truck-Racing-Cup 1995. Die ersten drei Plätze belegen Slim Borgudd, Steve Parrish und Markus Oestreich.

Am 16. Oktober 1995 wurde in Andalusien der neue Transporter „Vito" vorgestellt, dessen deutsche Markteinführung im März 1996 erfolgte. Der Vito löste den den bis dahin im Werk Vitoria produzierten MB 100 D ab. Daimler-Benz hat somit mit dem Vito und Sprinter in einem Jahr zwei wichtige Eckpfeiler des Transporterprogramms erneuert. Auf dem Genfer Nutzfahrzeugsalon 1996, wurde der Vito zum Van of the Year 1996 gewählt.

Die Lastwagen der LK-Baureihe erhielten die neuen Vierzylindermotoren OM 904 LA in den Leistungsstufen 122 PS, 136 PS und 170 PS. Diese modernen Motoren verfügen über Pumpe-Leitung-Düsen-Elemente (PLD), die elektronisch gesteuert Einspritzdrücke bis zu 1600 bar zulassen. Diese Motoren mit drei Ventilen glänzen mit niedrigen Verbräuchen und Abgaswerten sowie hohem Drehmoment bei niedrigeren Drehzahlen als bei den Vorgängermotoren OM 364.

Auf der Nutzfahrzeug IAA vom 21. bis 29. September 1996 wurde die neue Schwerlastwagenreihe „Actros" als Nachfolger der SK-Reihe der Öffentlichkeit vorgestellt. Die Motorenpalette umfaßte neukonstruierte vierventilige V6-Motoren OM 501 LA und V8-Motoren OM 502 LA mit einem Leistungsspektrum, das sich von 313 PS bis zu 571 PS erstreckte. Furore machten die Actros bei den

Vito, ein moderner leichter Transporter

Der Vario stand 1996 im Premierenschatten des Actros

Actros, ein neuer Begriff für schwere LKW

Truckern durch ein Fahrerhaus mit ebenem Fahrerhausboden namens Megaspace, das zu einem äußerst moderaten Aufpreis offeriert wurde. Im Schatten des Actros stand die Überarbeitung der schweren Transporter T 2, die dem Zuge der Mercedes-Zeit folgend jetzt den Baureihennamen „Vario“ tragen. Stilistische Änderungen außen, ein neues Armaturenbrett im Inneren und der Einsatz der Motorenbaureihe OM 904 LA unterscheiden sie von den Vorgängern.

Am 12. Oktober 1996 gewann Steve Parrish beim Finale in Jerez die Truck-Race-Europameisterschaft zum fünften Mal.

Am 2. Januar 1997 wurde die Actros-Reihe zum Truck of the Year 1997 gewählt.

Im Februar 1997 erwarb Daimler-Benz den Schwerlastwagenbereich von Ford, der künftig unter dem neuen Produktnamen „Sterling“ auf den Markt kam. Daimler-Benz ist in den USA jetzt mit den drei Marken Mercedes-Benz, Freightliner und Sterling vertreten. Zusammen kommen beide in den USA in der schweren Klasse ab 15 Tonne auf einen Marktanteil von 40 Prozent.

Mitte 1997 gingen im Actros bis 530 PS für den Straßeneinsatz allmählich Hypoid-Hinterachsen als Ersatz für die äußerst robusten aber verbrauchsintensiveren APL-Achsen in die Serie ein, die auf Wunsch nach wie vor als SA zu haben sind und bei Baustellenfahrzeugen nach wie vor zur Standardausrüstung gehören. Das gleiche gilt für das direkt übersetzte 16-Gang-Getriebe für Motorleistungen bis zu 430 PS.

Ab dem 1. September 1997 wurden in Marseille die neuen schweren Baustellenfahrzeuge des Actros vorgestellt.

Im Oktober 1997 wurde in Jarama Heinz-Werner Lenz Truck-Race Europameister in der kleinen Klasse, der Race-Klasse.

Im Februar 1998 wurde die neue Baureihe Atego zunächst als Nachfolger der seit 13 Jahren gebauten Leichten Klasse LK, früher LN 2 genannt, vorgestellt. Das breite Programm besteht aus 25 Grundtypen mit 224 Baumustern und 14 Radständen. Als Motorisierung stehen Motoren der Baureihen OM 904 LA bzw. 906 LA ab 122 PS bis 279 PS zur Auswahl.

Mitte 1998 wurde die neue Baureihe Econic vorgetellt. Sie verfügt über ein besonders niedriges Chassis mit 874 Millimeter und garantiert einen niedrigen Einstieg. Zusammen mit einer neuen Fahrerhauskonstruktion ist diese aus Komponenten von Actros und Atego gemixte Baureihe für kommunale Einsätze bei Feuerwehr und Müllentsorgung prädestiniert. Im September 1998 wurde auf der Nutzfahrzeug IAA in Hannover die Atego-Reihe um Fahrzeuge ab 18 Tonnen Gesamtgewicht erweitert. Sie ersetzen die bisherige MK-Klasse. Gleichzeitig wurde dieses Segment in den Bereich bis hin zu Dreiachsern mit 26 Tonnen Gesamtgewicht ausgebaut. Als Antriebsaggregate stehen Motoren der Baureihe OM 906 LA von 231 PS und 279 PS zur Verfügung.

Die schweren Transporter Vario erhielten für hohe Leistungsanforderungen als Topmotorisierung zusätzlich ein 152 PS-Triebwerk.

Im Oktober 1998 standen nach dem letzten Rennen der Europameisterschaft in Jarama folgende Europameister auf Mercedes-Benz fest: die kleine Klasse der Race-Trucks gewinnt, wie schon im Jahr zuvor, Heinz-Werner Lenz, in der großen Klasse der Super-Race Trucks sicherte sich Ludovic Faure das Championat.

Anfang 1999 erhielten die Transporter Vito neue Dieselmotoren mit Common Rail-Einspritzung in drei Leistungsstufen mit 82 PS, 102 PS und 122 PS.

Im Frühjahr 1999 wurden das Ategoprogramm um Kipper mit 18 Tonnen Gesamtgewicht erweitert.

Die Daimler-Benz-Nutzfahrzeugproduktion 1973 bis 1998 (Stück)

1973	215935
1974	205344
1975	229302
1976	247756
1977	248100
1978	239702
1979	256467
1980	272868
1981	268925
1982	243513
1983	204619
1984	205397
1985	213910
1986	226344
1987	234141
1988	257951
1989	261193
1990	260432
1991	297191
1992	277502
1993	241941
1994	291854
1995	329716
1996	340736
1997	422438
1998	492643

Alle Nutzfahrzeugtypen 1973 bis 1999

Transporter

MB 100 D

Als der Mercedes-Benz-eigene TN seinerzeit den noch aus Tempo- und Hanomag-Zeiten stammenden Frontantriebs-Transporter ablöste, hatte man sich unbemerkt in ein anderes, weil größeres Transporter-Segment begeben. So ganz konnte der TN in seiner kleinsten Ausführung die Lücke, welche die Frontantriebler rissen, nie schließen. So war es eigentlich eher logisch als überraschend, daß Daimler-Benz im Dezember 1987 diese Lücke mit dem aus spanischer Produktion stammenden MB 100 D schloß.

Viele erinnerte der Neue an zurückliegende Tempo-Zeiten. In Wirklichkeit geht jedoch sein Stammbaum auf den DKW Transporter von 1949 zurück. Die Auto Union hatte, als sie den Nachfolger ihres bewährten und bis 1963 gebauten Transporters plante, die Produktion in ihr spanisches Zweigwerk IMOSA (Industrias des Motor SA) ausgelagert. Dort wurde dieser Lastenträger mit dem Namen F 1000 L all die Jahrzehnte über gebaut. Mit der Übernahme der Auto Union durch Daimler-Benz im Jahr 1968 ging auch die IMOSA in den Besitz von Daimler-Benz über und firmierte jetzt als MEVOSA. Die IMOSA hatte ihren Transporter wahlweise mit Zweitaktmotor oder mit dem Mercedes-Benz-Dieselmotor OM 636 angeboten. Nach der Wandlung der IMOSA zur MEVOSA wurde dann ausschließlich der aus dem 170 D bekannte Dieselmotor OM 636 eingebaut, der in Spanien von Daimler-Benz immer noch als Industriemotor für Spezialeinsätze produziert wurde. Durch ein Facelift wurde auch das Erscheinungsbild geändert, um Reminiszenzen an die alte Auto Union zu tilgen. Ansonsten blieb dieser iberische Lastesel aber der Alte. Ab 1975 erfolgte die Umbenennung in N 1000 und N 1300. Die Zahlen symbolisierten die möglichen Nutzlasten von einer und 1,3 Tonnen. Nachfolger wurden dann die spanischen MB 100 D und MB 130 D mit Nutzlasten von einer bis 1,3 Tonnen. In Spanien und auch nach Südamerika wurden diese Lastenträger mit und ohne Hochdach sowie in verschiedenen Radständen geliefert.

Für den deutschen Markt beschränkt man sich 1987 auf den MB 100 D ausschließlich mit kurzem Radstand und in der Flachdachausführung, um einen Abstand zum hier produzierten TN/T 1 zu haben. Angetrieben wird der

Mit dem MB 100 D erfolgte ein neuer Einstieg bei den Kleintransportern

MB 100 D von dem 2,4 Liter-Dieselmotor OM 616 mit 72 PS, das gleiche Triebwerk also, das auch im T 1 als Basismotorisierung angeboten wird. Billig wurde der MB 100 D in Deutschland nicht angeboten, wahrte aber doch einen deutlichen Abstand zum kleinsten T 1. Als Mercedes-Benz Produkt füllt der MB 100 D seine Lückenbüßer-Aufgabe mehr recht als schlecht, war er doch im Vergleich zum Marktführer VW ein veraltetes Produkt. Man hatte das auch in Untertürkheim klar erkannt und arbeitete an einem Nachfolger.

Vorher mußte der altgediente MB 100 D 1991 aber noch ein Facelift über sich ergehen lassen, das im wörtlichen Sinne sich nur auf Äußerlichkeiten beschränkte. Wer den auch im T 1 mittlerweile eingebauten moderneren Motor OM 601 mit schadstoffvermindernden Schrägeinspritzung erwartete, wurde enttäuscht. Auch der Geliftete verfügte noch über den rauhbeinigen OM 616 aus alten Tagen.

Vito

Im Oktober 1995 erfolgte der Produktoffensive zweiter Streich. Der Vito wurde in Andalusien vorgestellt, ambientegerecht für ein Produkt „Made in Spain by Mercedes-Benz". Deutsche Käufer und Interessenten wurden bis Anfang 1996 vertröstet. Zur Auswahl standen zwei Dieselmotoren und ein Ottomotor. Bei den Dieselmotoren handelte es sich um die schon vom Personenwagen her bekannten Vorkammermotoren OM 601 als Sauger mit 79 PS und als Ladermotor mit Ladeluftkühlung mit 98 PS. Wer hier analog DELA-Motor im Sprinter und zum Hauptwettbewerber VW auf einen Direkteinspritzer hoffte, wurde bitter enttäuscht. Dafür war im Gegensatz zur Vorgängerbaureihe ein Ottomotor mit 130 PS im Programm. Dieser Motor M 111 mit Vierventiltechnik, vollelektronischer Benzineinspritzung und Katalysator ist wie alle Motoren der leichten Transporter aus dem Personenwagen-Programm abgeleitet. Der Vito verfügte vorne und hinten über Scheibenbremsen mit ABS. Parallel zum Vito wurde für den Personenwagenbereich auf derselben Basis die V-Klasse entwickelt. Diese Fahrzeuge unterschieden sich in erster Linie durch eine höherwertige Ausstattung. So attraktiv der Vito auch aussah und so viele gute Ideen auch in ihm realisiert sein mochten, er hinterließ im Vergleich zum Hauptkonkurrenten VW einen zwiespältigen Eindruck. Es fehlte ein moderner Dieselmotor mit Direkteinspritzung.

Der Vito belebt den Transportermarkt

Dieser Mangel wurde Anfang 1999 mit der Einführung des Common-Rail Dieselmotors OM 611 LA mit Lader und Ladeluftkühlung auch abgestellt. Drei rote Buchstaben CDI neben der dreistelligen Leistungsangabe in der Typenbezeichnung verkünden stolz neueste Dieselmotoren-Technologie. Leistung und Drehmoment satt stehen dem Piloten jetzt zur Verfügung. Zur Bändigung der ungestümen Kräfte verhilft das ETS – elektronisches Traktions-System – zu relaxtem Umgang. Die Leistung des 110 CDI beträgt 102 PS und 250 Nm bei 1600 bis 2400 U/min. Beim 112 CDI warten 122 PS und gewaltige 300 Nm bei 1800 bis 2500 U/min auf Abruf durch den Chauffeur.

L 207 bis L 306 D

1973 wurden der L 206 D, L 306 D, L 207 und L 307, die von HHF übernommenen ehemaligen Tempo-Transporter, einer Überarbeitung unterzogen. Aus Kostengründen wurde die Hinterachse, eine relativ aufwendige Tempokonstruktion einer Kurbelstarrachse mit Quer-Federstäben, durch eine einfache starre Rohrachse mit Halbfedern ersetzt. Die Fahrzeuge bis 2,8 Tonnen Gesamtgewicht erhielten jetzt 14 Zoll-Räder. Unterscheiden konnte man die „73er“ vor allem an den generell verwendeten Lochscheibenrädern und den flachen Radkappen. Grundsätzlich waren alle Typen jetzt mit Gürtelreifen ausgerüstet. Die Versionen mit Benzinmotor, sie spielten in diesem Produktsegment eher eine untergeordnete Rolle, erhielten den stärkeren Austin-Motor A 70 mit 1,8 Litern Hubraum und einer Leistung von 70 PS. Das Bremsservo war bis auf den L 206 D, dort nur auf Wunsch, serienmäßig, wobei die Servounterstützung der Bremsen nicht über den gravierenden Mangel stets schief ziehender Bremsen hinwegtäuschen konnte. Gebaut wurden diese Fusionsprodukte bis August 1977. Die baugleichen Transporter der HHF-Produktschiene liefen als F 20 bis F 35 bereits um die Jahreswende 1974/75 aus. Nachfolger wurde der TN / T 1.

Der Elektrotransporter LE 306 spielte mit gerade mal 59 gebauten Fahrzeugen eine ausgesprochene Mauerblümchen-Rolle.

Mit den überarbeiteten HHF-Transportern gelang 1973 der erfolgreiche Einstieg in ein neues Produktsegment

TN/T1

Um die Jahreswende 1976/77 lief im Werk Bremen die Produktion des neukonstruierten Mercedes-Transporters mit dem Unnamen TN (Transporter Neu) an; später hieß er T 1, wobei das T für Transporter und die 1 für die unterste Gewichtsklasse steht.

Die Kurzhauber mit ihrem hervorragenden Einstieg verfügten über Hinterradantrieb, der die Variationsbreite bei der Aufbaugestaltung, wie sie beim Vorgänger möglich war, nicht mehr zuließ. Das Design war markant, aber aerodynamische Steinzeit (307 DT 1 c_W 0,547 gegenüber 306 D (HHF) c_W 0,423), was im Überlandbetrieb für unangemessenen Treibstoffkonsum sorgte.

Eine Frontgestaltung, wie sie 20 Jahre später der Nachfolger Sprinter aufweist, war damals schon bei US-amerikanischen Vans – z.B. bei Dodge – zu sehen. Mit dem T 1 begann bei Daimler-Benz-Nutzfahrzeugen die stilistische Besonderheit der nach vorne unten laufenden Fensterlinie in den Türen. Dieses Designmerkmal wurde dann konsequent bis zu den Schwerlastwagen eingesetzt.

Mechanisch und motorisch war der T 1 robust, das Fahrwerk erregte ob seiner fantasievollen Auslegung als Vollstarrachser ein gewisses Aufsehen. Trotzdem verfügte es über ein beachtenswertes Handling, das hohe Kurvengeschwindigkeiten zuließ, was wiederum für eine professionelle Fahrwerksabstimmung sprach. Diese robusten Transporter waren bewußt für langen Dauereinsatz konzipiert und nahmen so schnell nichts übel. Selbst herzhafte Beanspruchung im Baustellenbetrieb ertrugen die kleinen Pritschenwagen klaglos. Im Langzeitbetrieb trat allerdings eine gewisse Rostanfälligkeit zutage.

Vorgestellt wurden die Neuen zunächst mit 2,5, 2,8 Tonnen Gesamtgewicht (Typen 207 D, 208) und 3,2, 3,5 Tonnen Gesamtgewicht (Typen 307 D, 308). Als Antriebsquellen standen für die Typen 208 und 308 der 2,3 Liter Vierzylinder-Vergasermotor M 115 mit 85 PS und für die Typen 207 D und 307 D der 2,4 Liter-Dieselmotor OM 616 mit 65 PS bereit, dessen Leistung ab 1982 auf 72 PS angehoben wurde.

Im September/Oktober 1981 wurde die Reihe um die Typen 407 D, 409 D und 410 mit 4,6 Tonnen Gesamtgewicht erweitert. Im 409 D kam zum ersten Mal der Fünfzylinder-Dieselmotor OM 617 mit 88 PS aus dem PKW im TN zur Anwendung. Im 410, der ab Dezember

207 D als Doppelkabine mit Pritsche aus der TN/T1-Reihe

1981 gebaut wurde, ersetzte der neue 2,3 Liter-Vierzylinder-Vergasermotor M 102 das trinkfreudige Aggregat M 115. Zu erkennen waren die schwersten T 1-Modelle an der zwillingsbereiften Hinterachse.

Im Januar/Februar 1982 begann die Produktion der neuen Typen 309 D (3,5 Tonnen Gesamtgewicht) und 209 D (2,8 Tonnen Gesamtgewicht) mit dem lang ersehnten starken Dieselmotor OM 617 mit 88 PS. Die Typen 309 D (3,2 Tonnen Gesamtgewicht) und 209 D (2,5 Tonnen Gesamtgewicht) folgen August bzw. Juli 1982.

Im August 1982 lief für alle Typen, außer dem 410, die Produktion mit dem neuen Vergasermotor M 102 an.

Im Januar 1989 erlebte die T 1-Reihe ihren letzten Relaunch. Er war bitter nötig geworden. Die Mitbewerber, hier ganz besonders Fiat mit seinem Ducato, der über einen drehmomentstarken und sparsamen Direkteinspritzer-Turbomotor verfügte, aber auch der Ford Transit mit seinem direkteinspritzenden Saugmotor, waren den Marktanteilen des T 1 dicht auf die Pelle gerückt.

Um dem Themenkreis Fahrleistungen und Verbrauch einzukreisen, war man zweistufig vorgegangen. Da war zunächst die miserable Aerodynamik, der man in Form von Verkleidungen der A-Säule und der Verbindungsnaht zwischen Dach und Windlauf bei den Flachdachmodellen zu Leibe rückte. Ein geschlossener Stoßfänger tat dann sein übriges zur Verbesserung des Spritkonsums. 0,65 Liter/100 km sollen laut Daimlerscher Untersuchungen durch die aerodynamischen Maßnahmen weniger durch die Einspritzdüsen eines 208 D geflossen sein. Bei welcher Geschwindigkeiten oder welchem Fahrkollektiv, das wurde verschwiegen.

Ein wichtiger Punkt betraf die Motoren OM 616 und OM 617. Wer auf moderne Direkteinspritzer gehofft hatte, wurde enttäuscht. Man hatte aus dem 2 Liter-Vierzylinder Personenwagenmotor OM 601 und dem Fünfzylinder-Bruder OM 602 mit 2,5 Liter Hubraum Transporter-Motoren mit 2,3 und 2,9 Liter Hubraum entwickelt. Sie verfügten beide über Manfred Fortnagels Schrägeinspritzung zur Emissionsreduzierung und erreichten 79 bzw. 95 PS Leistung und höhere Drehmomentwerte bei einer Gewichtsreduzierung von 53 bzw. 64 Kilogramm gegenüber den Vorgängern.

Die überarbeiteten Modelle hatten den Anschluß an den Wettbewerb so eben wieder gefunden. Bis zum Erscheinen des wirklich modernen Nachfolgers Sprinter taten sich diese kreuzbraven Automobile aber im nationalen und internationalen Wettbewerb dennoch schwer.

Der Sprinter

Als Ende Januar 1995 im Düsseldorfer Werk die ersten Sprinter die Hallen verließen, begann eine neue Zeitrechnung. Mercedes-Benz hatte sich zu einer umfassenden Produktoffensive entschlossen, die eine totale

Der 312 D Sprinter als Doppelkabine mit Pritsche

Erneuerung des Nutzfahrzeugprogramms innerhalb kurzer Zeit vorsah. Erster Baustein dieses umfassenden Kraftakts war die Transporter-Klasse T 1 N zwischen 2,5 und 4,6 Tonnen Gesamtgewicht mit dem Namen Sprinter. Die einprägsam-griffige Namensnennung einer Produktklasse ist Teil der neuen Produktstrategie, bei welcher der Sprinter den Vorreiter spielte.

An diesem Fahrzeug ist, bis auf den 2,3 Liter Vorkammer-Motor OM 601 D 23, nahezu alles neu. Mit 79 PS und 152 Nm ist das Basismodell bescheiden motorisiert. Zunächst stehen drei Motoren zur Auswahl.

Neben dem bekannten 2,3 Liter-Vorkammer-Motor ist der Star das 2,9 Liter Fünfzylinder-Triebwerk OM 602 DELA . Dieser Direkteinspritzer wurde von den Kunden dringlichst erwartet, nachdem Ford bereits 1984 mit einem Direkteinspritzer-Motor in seinem Transporter Transit, Iveco 1985 im Daily mit einem Turbo-Direkteinspritzer und zwangsläufig dann Fiat 1986 im unmittelbaren Mercedes-Konkurrenten Ducato mit einem Direkteinspritzer Saug- und Turbomotor auf den Markt gekommen waren.

Der ladeluftgekühlte Fünfzylinder mit Direkteinspritzung verfügt über eine elektronisch geregelte Verteilereinspritzpumpe und leistet 122 PS. Besonders bemerkenswert ist das Drehmoment von 280 Nm zwischen 1000 und 2300 U/min. Dieses Triebwerk entwickelte sich schnell zum Star der Typenreihe. Dieser Sprinter, Nomen est Omen, ist nicht nur der Renner auf den Autobahnen, sondern auch innerhalb der Typenreihe.

Traditionell wird auch ein Ottomotor angeboten. Hier kommt zum ersten Mal Vierventiltechnik und Benzineinspritzung auch im Transporter zur Anwendung. Dieser Motor M 111 verfügt über 142 PS und 210 Nm bei 4000 U/min ist aber in den praktischen Fahrleistungen dem Modell mit dem 2,9 Liter-Turbodiesel mit Direkteinspritzung auf gar keinen Fall überlegen, vom Verbrauch und den Spritkosten ganz zu schweigen.

Aber nicht nur das Äußere mit seiner aerodynamisch konzipierten Karosserie und die Motorisierung hat sich gegenüber dem Vorgänger T 1 völlig gewandelt, auch auf der Fahrwerksseite hat sich Grundlegendes getan. Anstelle der vorderen Starrachse kommt jetzt eine Einzelradaufhängung zum Einbau. Für die Federung sorgt vorne eine Querblattstützfeder. Lediglich die Hinterachse mit ihren Parabelfedern läßt Anklänge an den Vorgänger erkennen. Die servounterstütze Zahnstangenlenkung löst die Kugelumlauflenkung des Vorgängers ab.

Damit die jetzt erreichbaren Geschwindigkeiten von bis zu 165 km/h nicht zum Sicherheitsrisiko werden, sorgen vier Scheibenbremsen mit serienmäßigem ABS in den 15 Zoll-Rädern für eine zuverlässige Beherrschung. Der Fahrerairbag wurde zunächst zum moderaten Aufpreis von 765 DM angeboten, seit September 1997 ist er Serie.

Im Januar 1997 wurde die Palette der Sprinter um eine Variante mit 102 PS und einem Drehmoment von 250 Nm erweitert. Dieser Motor ist eine leistungsreduzierte Ausführung des Fünfzylinder-Motors OM 602 DELA mit 122 PS. Die reduzierte Motorenleistung wird über eine anders abgestimmte Elektronik erreicht. Für besonders umweltbewußte Kunden wird auf der Basis des Benzinmotors ein Motor mit Erdgasantrieb angeboten, der 122 PS leistet.

Zur gleichen Zeit nahm Mercedes-Benz auch eine Allradvariante des Sprinter in das Programm, die schon auf der IAA im September 1996 öffentliches Bewußtsein erlangte. Die Auslieferung dieser Konstruktion der österreichischen Firma Oberaigner lief mit etwas Verzögerung an. Post- und Bahnverwaltungen, auf Offroadeinsätzen angewiesene Installateure von elektrischen Überlandleitungen und von Fernweh geplagte Globetrotter begrüßten diese Bereicherung des Programms

Mit dem Sprinter gelang es Mercedes-Benz, seine Position auf dem deutschen Transporter-Markt zu festigen und auszubauen. Mercedes-Benz wird europaweit mit den neuen Transportern Vito, Sprinter und Vario erstmals Leader in dem Bereich zwischen zwei und sechs Tonnen Gesamtgewicht. Daran hat der gelungene Sprinter einen entscheidenden Anteil.

Für den Herbst 1999 ist eine Überarbeitung des Sprinters und der Einsatz von Dieselmotoren mit Vierventiltechnik, Common Rail-Einspritztechnik und – mit Ausnahme des 80 PS-Motors – VTG Ladern, die aus dem Pkw-Programm abgeleitet sind, geplant. Vorgesehen sind Leistungen zwischen 80 PS und 155 PS bei gleichzeitiger EURO III-Tauglichkeit.

Kleinlastwagen

T 2

Die äußerst erfolgreiche Reihe der „Düsseldorfer Transporter“, später in Anlehnung an die kleinere T 1-Reihe T 2 (T 2 steht für Transporter 2) genannt, dominierte in Deutschland ihr Marktsegment. Diese Dominanz hielt Daimler-Benz nicht davon ab, auf neue Kundenwünsche flexibel mit neuen Angeboten zu reagieren.

Ende 1974 ergänzte eine besonders lange Ausführung mit 4100 Millimeter Radstand die Produktreihe. Ab Mitte 1976 war auch ein Automatikgetriebe im Angebot.

Im Juli 1977 wurde die T 2-Reihe überarbeitet. Von außen waren die modellgepflegten Modelle an Gummiauflagen auf den Stoßstangen und an Heckleuchten zu erkennen, deren Position von den Stoßecken in die Karosserie verlegt wurde. Im Innenraum fielen das kunstoffumschäumte Lenkrad, Kurbelfenster in den Türen und ein neu gestaltetes Armaturenbrett auf. Außerdem hielt der Sechszylinder-Dieselmotor OM 352 mit 130 PS Einzug in die T 2 Reihe. L 613 D hieß der neue Powertransporter.

Im September 1981 änderte sich das Gesicht durch einen schwarzen Kunststoffgrill und eine breite Stoßstange aus Kunststoff. Im Innenraum sorgten neue Dämmmaterialien für eine Reduzierung des Lärms im Fahrerhaus.

Im August 1982 löste der 95 PS starke Ottomotor M 102, parallel zum Einsatz im kleineren T, das trinkfreudige Aggregat M 115 ab. Die Typenbezeichnung änderte sich von L 409 in L 410.

Nach über 500 000 gebauten Transportern und Leichtlastwagen lief diese erfolgreiche Baureihe im Laufe des Jahres 1986 aus.

LN 1 / T 2

Am 21. März 1986 wurde der Nachfolger des T 2 mit den Modellen 508 D 510, 609 D, 709 D 711 D, 809 D, und 811 D der Öffentlichkeit präsentiert, nachdem Vorserienfahrzeuge schon beginnend ab November 1984 bzw. Februar 1985 in kleinen Stückzahlen gebaut worden waren. Ab 1989 wurde die Reihe um den 814 D erweitert.

Doch zunächst eine Klarstellung zu den verwirrenden Gruppenbezeichnungen: Während intern die „Neuen“ als LN 1 – Lastwagen neu 1 – bezeichnet wurden, hatte sich in Fachkreisen der Öffentlichkeit für die großen Düsseldorfer der Begriff T 2 der Vorgänger eingebürgert und wurde weiterverwendet.

Gegenüber dem Vorgänger wurde die Produktpalette dieser Leichtlastwagen erheblich erweitert. Das Spektrum reichte jetzt von 4,6 Tonnen bis 7,5 Tonnen Gesamtgewicht. Dabei waren noch nicht die Ablastungsvarianten auf 3,5 und 4 Tonnen Gesamtgewicht berücksichtigt. Überschneidungen im unteren Bereich beim T 1 und im oberen Bereich zum LN 2 waren beabsichtigt, um jegli-

507 D, Kastenwagen der T2-Reihe

chem Kundenwunsch nach Transport- und Gewichtsvolumen gerecht zu werden, wobei sich die „Neuen“ durchaus als Nutzlastriesen erweisen. Weggefallen war gegenüber dem Vorgänger die Version mit dem Sechszylinder-Motor.

Vier Motorenausführungen wurden angeboten. Für die kleinen 507 D stand zunächst noch der OM 616 mit 72 PS und einem Drehmoment von 137 Nm bereit, zugegeben eine arg kümmerliche Motorisierung, die höchstens im Flachland im Kurzstreckenverkehr ihre Daseinsberechtigung hatte. Alternativ wurde der Ottomotor M 115, ab Januar 1989 der M 102 mit 95 PS und 178 Nm, angeboten. Er war hauptsächlich bei Krankenwagen und im Export gefragt. Diese Fahrzeuge trugen die Typenbezeichnung 510. Die Typen 609 D, 709 D und 809 D wurden von dem neuen Vierzylinder-Dieselmotor OM 364 mit 90 PS und 266 Nm aus der LN 2 Serie angetrieben. 711 D und 811 D besaßen den gleichen Dieselmotor, jedoch mit Aufladung, der als OM 364 A über eine Leistung von 115 PS bei einem Drehmoment von 378 Nm bei 1500 U/min verfügte.

Die Motorisierung mit dem 90 PS-Motor erwies sich bei Teilbeladung im Flachland als noch ausreichend. Bei voller Beladung in hügeligem Terrain war sie jedoch unzureichend. Ein so angetriebenes Fahrzeug wurde dann schnell zum Hindernis für den übrigen Verkehr. Als harmonische Motorisierung für Landstraßen- und Autobahnverkehr entpuppte sich der 115 PS-Motor.

Ab September 1988 lief der 814 D an, der das Programm erweiterte. Mit seinem ladeluftgekühlten Turbomotor OM 364 LA mit 136 PS schloß er die Motorisierungslücke, die seit dem Wegfall des großen Sechszylinder-Saugmotors OM 352 bestand, der für den Vorgänger zu haben war.

An Aufbauten wurden angeboten: Pritschenwagen, Kipper, Fahrgestell mit Fahrerhaus, Fahrgestell mit Windlauf, Doppelkabine für Pritschenwagen und Kastenwagen sowie Kastenwagen mit Flach- und Hochdach. An der Vorderachse hatten alle Modelle Scheibenbremsen, ab 4,6 Tonnen innenbelüftet.

Von außen war das Bemühen um Familienähnlichkeit nicht zu übersehen. Nach dem T 1 und LN 2 hatte auch der LN 1 die typische, nach vorne abfallende Fensterlinie in den Türen. Innen fiel das neue vom LN 2 übernommene Armaturenbrett auf.

Mitte 1991 wurde das Programm um Allradfahrzeuge erweitert. Mit einer Kraftverteilung des permanenten Allradantriebs von 28 zu 72 zwischen Vorder- und Hinterachse unterschied sich das Fahrverhalten auf der

Als leichte Lastwagen waren die Fahrzeuge der T2-Reihe ebenso beliebt …

Straße kaum von seinem nur zweiradangetriebenen Bruder. Sinnvoll war es, daß dieses Fahrzeug ausschließlich mit dem stärksten Motor mit 136 PS auf den Markt kam. Der 814 DA wurde nur als 7,49 Tonner und mit den Radständen 3150 und 3700 Millimeter angeboten. Das Einsatzspektrum erstreckte sich von Baustellen über den Zulieferverkehr in gebirgigen Regionen bis hin zum Einsatz für Globetrotter.

Vario

Auf der IAA für Nutzfahrzeuge in Hannover, die am 21. September 1996 ihre Pforten öffnete, stand der überarbeitete T 2, der jetzt den einprägsamen Namen Vario trug, ganz im Schatten der Premiere des Actros. Verdient hatte er es eigentlich nicht.

Äußerlich hatte sich nicht viel geändert. Mit einem dem Sprinter ähnlich gewordenen Gesicht mit einem trapezförmigen Grill und hochgesetzten Blinkern schaute er den fast ratlosen Betrachter an. Neu? Was soll an ihm neu sein? Im klassisch-preußischen mehr Sein als Scheinen, verbirgt der Vario unter seinem unscheinbaren Blechkleid erhebliche Neuerungen.

Als Basismotorisierung begann die Motorenpalette mit dem OM 602 DELA mit 122 PS aus dem Sprinter. Als weiteres Triebwerk stand der hochmoderne OM 904 LA zur Wahl. Dieser Vierzylinder-Motor mit PLD (Pumpe-Leitung-Düse)-Hochdruckeinspritzung und Dreiventil-Technik leistet 136 PS und hatte das beachtliche Drehmoment von 520 Nm. Er hatte sich schon seit Anfang 1996 im LN 2/ LK bewährt und glänzte durch einen Vollastverbrauch, der seinen Ursprung einem Schotten verdanken könnte. Die Laufkultur des kräftigen Vierzylinders ließ im Vario allerdings zu wünschen übrig. Die Inspektionsintervalle wurden durch den neuen Motor auf 45 000 Kilometer verlängert. Angeflanscht war wie eh und je ein Fünfgang-Getriebe von ZF. Empfehlenswert war das auf Wunsch lieferbare hauseigene Sechsgang-Getriebe, das durch engere Gangstufen das starke Abfallen der Motordrehzahl verhinderte und bessere Anschlüsse erlaubte.

Abgewöhnt wurde dem Vario das servile Verhalten beim Bremsen. Die tiefen Bücklinge des Vorgängers gehörten der Vergangenheit an. Dafür litt der Komforteindruck. Verzögert wurde der Vario jetzt von vier innenbelüfteten Scheibenbremsen, auf Wunsch war auch ABS lieferbar. Wem das nicht genügte, konnte gegen Aufpreis sowohl die Motorbremse mit Konstantdrossel als auch ein Retarder bestellen.

Im Innenraum fiel sofort das kleinere Vierspeichen-Lenkrad der großen Brüder auf. Die vier kleinen Rund-

… wie es die Nachfolger Vario sind

instrumente einschließlich eines jetzt serienmäßigen Drehzahlmessers saßen unter einem gemeinsamen Abdeckglas. Der Tachograf war nach alter Väter Sitte ausklappbar.
Die Typen 512 D, 612 D, 614 D, 812 D wurden ab dem Werk Ludwigsfelde in Radständen von 3150, 3700 und 4250 Millimetern angeboten. Den 812 D und 814 D gab es noch mit 4800 Millimetern Radstand. Es wurden Pritschenwagen und Kipper sowie Kastenwagen mit und ohne Hochdach angeboten. Hinzu kam – noch wie beim Vorgänger – die Allradausführung 814 DA in den zwei Radständen von 3150 und 3700 Milimetern.

LP Typen / Leichte Klasse LK

Die bekannten LK-Typen LP 608 und LP 808 wurden bis zum Dezember 1982 gebaut. Während der LP 608 als Pritschenwagen mit drei Radständen und als Kipper und Sattelzugmaschine mit je einem Radstand im Programm stand, war der LP 808 nur als Pritschenwagen mit drei Radständen und als Kipper mit einem Radstand lieferbar. Ersatz bestand in den Typen LP 709/809.
Im September 1977 zeigte Daimler-Benz auf der IAA die modellgepflegten LP-Typen der leichten Klasse. Das Hauptunterscheidungsmerkmal war kosmetischer Natur und zeichnete sich vornehmlich aus durch in die Stoßstange verlegte Scheinwerfer und den durchgehend breiten Kühlergrill, der vor seitlichen Spoilern eingerahmt wurde. Letztere sollten die Luft so leiten, daß die Seitenscheiben geringer verschmutzt werden. Im Inneren wurde das Armaturenbrett überarbeitet, ein umschäumtes Lenkrad ersetzt die glitschig-glatten Lenkräder alter Prägung. Die Kupplung wurde nun hydraulisch betätigt. Nach außen fiel wegen einheitlicher Typenbezeichnung mit den schwereren Typen der NG 73-Generation der Vorsatz LP vor den Typenzahlen weg. Intern wurde die Bezeichnung LP zur Unterscheidung von sich überschneidenden Modellen der Mittelklasse MK bis zum Ende der Baureihe 1984 weiterverwendet.
Die Typen LP 709 und LP 809 erschienen auf der IAA 1977 neu und dokumentierten das Bemühen, ein lückenloses Programm anzubieten. Beide waren auch als LPL-Typen mit luftgefederter Hinterachse zu haben. LP/LPL 709/809 wurden bis Ende 1984 gebaut. LP 709 und LP 809 waren als Pritschenwagen nur noch mit zwei Radständen lieferbar, der Kipper mit einem Radstand. Eine Sattelzugmaschine wurde nicht mehr angeboten. Nachfolger waren die Typen der LN 2-Reihe.
Der LP 813 ersetzte im Februar 1973 mit seinem 130 PS Motor den LP 811 und war bis zum Produktionsende im

Der LP 709 nach der Überarbeitung im Herbst 1977

Dezember 1984, als er durch den LN 2 abgelöst wurde, das Zugpferd der kleinen LP-Reihe. Er war als Pritschenwagen in drei Radständen zu haben. Außerdem gab es ihn als Kipper und Sattelzugmaschine mit je einem Radstand.
Der LPL 813 mit luftgefederter Hinterachse war seit Oktober 1976 im Programm und wurde bis Oktober 1984 gebaut.
Der LP 913 als nächstes Modell in der enggestaffelten Typenreihe unterschied sich neben der höheren Nutzlast durch eine größer dimensionierte Bereifung vom LP 813 und wurde bis August 1984 gebaut. Die Variantenauswahl entsprach der des LP 813.
Der LPL 913 mit luftgefederter Hinterachse war seit November 1976 im Programm und wurde bis August 1984 gebaut.
Der LP 1013 wurde zwischen dem November 1976 und dem November 1984 produziert und nur als Pritschenwagen angeboten. Der LPL 1013 kam ergänzend im August 1977 hinzu und wurde bis August 1984 gefertigt.
Der LP/LPL 1113 erweiterte im September 1978 das Programm abermals nach oben. Die Fahrzeuge erwiesen sich als wahre Nutzlastriesen, die Motorleistung hingegen war in diesem Gewichtsspektrum nur noch als durchscnittlich einzustufen. Zwei Radstände standen beim Pritschenwagen zur Auswahl. Ihn gab es auch als Kipper mit einem Radstand, der mit seiner hohen Nutzlast unter Bauunternehmern dankbare Abnehmer fand. Diese Typen wurden bis Oktober 1984 gebaut.
1979 wúrden schließlich alle Wartungsstellen so verlegt, daß sie von außen erreichbar waren. Diese Maßnahme war unerläßlich, um gegen die inzwischen stärker gewordene Konkurrenz von Iveco-Magirus und MAN mit ihren Kippfahrerhäusern einigermaßen bestehen zu können.

LN 2 / LK

Die Klasse zwischen 6,5 und 15 Tonnen Gesamtgewicht war im öffentlichen Trucker-Bewußtsein nicht so dominant wie die der schweren Kaliber ab 16 Tonnen Gesamtgewicht. Bezüglich der Marktpräsenz und der wirtschaftlichen Bedeutung spielten sie aber eine ebenso große Rolle. Bei Daimler-Benz war man sich dieser Tatsache bewußt. Man hatte 1983 europaweit, einschließlich der damaligen Bundesrepublik, einen Marktanteil von 31 Prozent, im deutschen Markt war man mit 68 Prozent unangefochtener Marktleader. Aber diese Position war mit den bisherigen LP-Typen 608 bis 1113 auf Dauer nicht zu halten. Das 20 Jahre alte Konzept mit dem rela-

Der 817 war eines der beliebtesten Modelle der LK-Reihe

tiv weit hinten sitzenden Fahrerhaus und dem Einstieg hinter der Vorderachse war am Ende seiner Möglichkeiten angekommen. Darüber hinaus setzten fehlende Kippfahrerhäuser, das Fehlen einer Langversion mit Liegen für den Fernverkehr und die Motorenpalette weiterere Grenzen.

Im März 1984 trat Daimler-Benz in Rom mit dem Paukenschlag der völlig neuen LN 2-Baureihe in der leichten Klasse auf die Bühne des heiß umkämpften Marktes. Bei der Neuentwicklung blieb kein Stein auf dem anderen. Der Einsatzbereich wurde erweitert und reichte zunächst vom 809 bis zum 1120 und wurde im Laufe der Jahre sukzessive erweitert bis hin zum 1524.

Bei der Vorstellung bestand die Produktrange zunächst aus den Typen 709, 809, 814, 914, 1114, 1117 und 1120, die als Pritschenwagen, Kipper und Sattelzugmaschinen geliefert werden. Äußerlich fiel das neue Design des Kippfahrerhauses mit der typischen, nach vorne unten verlaufenden Fensterlinie und die zum ersten Mal bei Lastwagen eingesetzten Niederquerschnitt-Reifen auf. Die nach vorne gezogenen Fahrerhäuser mit dem Einstieg vor der Vorderachse erleichterten den Einstieg. Neu im Programm war das dringend notwendige Fernfahrerhaus mit Liegen. Alle Neuen waren serienmäßig mit Servolenkung und reiner Druckluftbremse, die auf Wunsch mit ABS kombiniert werden konnte, ausgestattet.

Die Transportleistung – sie setzt sich zusammen aus Nutzlast, Transportvolumen und Transportgeschwindigkeit – erforderte die Konstruktion neuer Motoren. Sie bauten auf den bewährten Aggregaten OM 314 und OM 352 auf. Die neuen Aggregate OM 364 – Vierzylinder – und OM 366 – Sechszylinder – waren im Hubraum von 3,9 Liter auf 3,97 Liter und von 5,7 Liter auf 6,0 Liter Hubraum aufgestockt worden (Bohrung plus 0,5 Millimeter, Hub plus 5 Millimeter). Weitere innermotorische Maßnahmen betrafen neu gestaltete Ansaugsysteme, geänderte Brennverfahren, bei den Ladermotoren eine neu entwickelte Einspritzpumpe, strömungsgünstigere Kanalgestaltung in den Zylinderköpfen und eine zweiflutige Abgasanlage bei den Sechszylinder-Motoren. Getriebeseitig waren Fünf- und Sechsgang-Boxen sowie Sechsgang-Getriebe mit Vorschaltgruppe im Angebot. Letztere allerdings nur für die schweren Kaliber mit 170 und 201 PS.

Das Ergebnis dieses Mühens waren nicht nur höhere Motorleistungen, sondern auch ein höheres Drehmoment bei niedrigeren Drehzahlen. Zum ersten Mal wurde auch in dieser Klasse mit dem OM 366 LA ein Intercooler angeboten, der zunächst über 201 PS verfügt. Im Laufe der Entwicklung wurden Varianten mit bis zu 240 PS entwickelt.

Ab September 1984 lief die Produktion 1314, 1317 und 1320 an. Den Kipper gab es nur mit dem Saugmotor, die Sattelzugmaschinen ausschließlich mit dem aufgeladenen Motor und dem Intercooler.

Im September 1985 wurde die Klasse der 7,5 Tonner, die sich wegen der Führeschein-Klasse drei-Tauglichkeit einer großen Beliebtheit erfreute, um den 817 mit dem aufgeladenen 170 PS Motor ergänzt.

Im Frühjahr 1986 kamen die gerade für Feuerwehren und Baustelleneinsätze unersetzlichen Allradfahrzeuge auf den Markt.

Die Typen 1517 und 1520 wurden im September 1989 auf der IAA erstmals gezeigt und erweiterten und begrenzten das Programm der LK nach oben.

Im Februar 1994 demonstrierte Mercedes-Benz auf der RAI – Nutzfahrzeug-Ausstellung in Amsterdam – neue Motoren, die den ab Oktober 1996 geltenden Abgasvorschriften nach Euro II entsprachen, aber vorläufig nur gegen einen Aufpreis geliefert wurden. Davon war auch die LK betroffen, die sich einer Überarbeitung unterziehen mußte.

Von außen registrierten nur Kenner die Überarbeitung. Das Standardfahrerhaus wurde um fünf Zentimeter verlängert, innen fiel das kleinere Vierspeichen-Lenkrad auf.

Entscheidendes hatte sich im Motorenbereich getan. Um aus dem Teufelskreis von Leistungsanhebung einerseits, Verbrauchs- und Schadstoffverminderung auf der anderen Seite auszubrechen, wurden umfangreiche Maßnahmen fällig.

Zunächst einmal erhielten alle Modelle der LK Ladeluftkühlung. Die Turbolader bekamen ein Wastegate: Sie waren so in der Lage, schon bei niedrigen Drehzahlen hohen Ladedruck aufzubauen. Bei höheren Drehzahlen wurde über das Wastegate der Abgasstrom an der Turbine des Laders vorbeigeleitet. Gleichzeitig wurde der Einspritzdruck um 20 Prozent erhöht. Für eine gleichmäßigere Verteilung des Kraftstoffs sorgten nun ein neu gestalteter Brennraum in Verbindung mit Fünf- anstatt bisher Vierlochdüsen. Dieses gesamte Maßnahmenpaket führte zu einer schadstoffärmeren Verbrennung.

Mit der Leistungsanhebung wurde gleichzeitig ein höheres Drehmoment bei niedrigerer Drehzahl erreicht. In Verbindung mit einer längeren Triebstrangauslegung führte das zu einer geringeren Lärmbelastung und zu geringerem Verbrauch. Im Zuge dieses Maßnahmenpakets wurde der bisherige Sechszylinder-Saugmotor OM 366 mit 136 PS durch den Vierzylinder-Intercooler OM 364 LA mit gleicher Leistung aber höherem Drehmoment ersetzt. Der bisherige Ladermotor OM 366 A, der in seiner Leistung im

Zuge von Euro I 5 PS verlor, mußte dem Intercooler-Motor OM 366 LA mit jetzt wieder 170 PS weichen. Der OM 366 LA mit 201 PS gewann im Zuge der Überarbeitung 10 PS und wies jetzt 211 PS auf. Als zusätzliche Motorisierung wurde der OM 366 LA mit 240 PS angeboten, wodurch diese LK-Typen in manchen Bereichen der schwereren Mittel-Klasse – M K – dicht auf die Pelle rückten. Besonders im Segment der Volumentransporte war diese Motorisierung gefragt.

Im Januar 1996 erfolgte zweidreiviertel Jahre vor der Einführung des Nachfolgers Atego als letzter Schritt noch einmal eine Aktualisierung der LK-Reihe. Den Schwerpunkt bildeten die Fahrzeuge bis zu 170 PS Leistung. Hier wurden die bisherigen Vierzylinder-Motoren OM 364 LA komplett und der Sechszylinder-Motor OM 366 LA teilweise ersetzt durch die Neukonstruktion OM 904 LA mit 122 PS bei 2300 U/min und 470 Nm zwischen 1200 und 1500 U/min, 136 PS und 520 Nm sowie 170 PS und 630 Nm bei denselben Drehzahlen wie der 122 PS Motor.

Ziel dieser neuen Baureihe, zu der auch der Sechszylinder OM 906 LA gehören wird, waren bessere Abgasgrenzwerte als Euro II bei gleichzeitig geringerem Verbrauch und höherem Drehmoment und Leistung. Aufbauend auf den bisherigen Vier- und Sechszylindern waren diese Motoren völlige Neukonstruktionen. Die Bohrung wurde von 97,5 auf 102 Millimeter erweitert und der Hub von 130 auf 133 Millimeter verlängert, so daß sich Gesamthubräume von 4,25 Litern beim Vierzylinder und von 6,4 Litern beim Sechszylinder ergeben. Mercedes-Benz setzte bei dieser Baureihe auf die Dreiventiltechnik. Die zwei Einlaßventile und das Auslaßventil waren um die in der Mitte des Brennraums plazierte Einspritzdüse gruppiert.

An die Stelle der bisherigen Reiheneinspritzpumpe trat ein elektronisch gesteuertes Pumpe-Leitung-Düse-System, kurz PLD genannt. Mit dieser Konfiguration konnten wesentlich höhere Einspritzdrücke realisiert werden, als sie bisher möglich waren. Jeder Zylinder erhielt eine Düse, die über eine kurze Leitung mit einer eigenen Pumpe verbunden war. Somit konnten für jeden Zylinder genau dosierte Einspritzmengen zur Verfügung gestellt und der Einspritzbeginn genauer bemessen werden. Auf der Laderseite kam wieder ein Turbolader mit Wastegate zum Einsatz, um schon bei niederen Drehzahlen hohen Ladedruck aufbauen zu können und somit das berüchtigte Turboloch zu vermeiden. Die maximale Leistung stand nun schon bei 2300 U/min, anstatt wie bisher bei 2600 bis 2800 U/min, bereit. Durch die auf Wunsch

Der nach Euro II schadstoffreduzierte 817 im Einsatz als Zubringerfahrzeug

Mittelschwerer Pritschenwagen 1013, beliebt als wendiger Allrounder

lieferbare Motorbremse mit Konstantdrossel wurde die Motorbremswirkung der relativ kleinvolumigen Motoren auf ein akzeptables Maß erhöht. Bei den Getrieben stand ein Fünfgang-Getriebe von ZF oder das hauseigene Sechsgang-Getriebe zur Wahl.

Äußerlich waren die überarbeiteten LK-Laster an einem Kühlergrill mit breiteren Rippen und dem zusätzlichen grünen, zweizeiligen Schriftzug „Eco Power" mit der silberfarbigen Typenbezeichnung zu erkennen, die bisher auf der Fahrer- und Beifahrertür angebracht war. Die bisherigen Sechszylinder-Motoren OM 366 LA mit 211 und 240 PS blieben im Programm.

Als neues Modell wurde der 820 installiert, der in der stark gefragten Führerschein-Klasse drei bis 7,5 Tonnen Gesamtgewicht 31 PS mehr Leistung bot als der bisherige 817. Da diese Fahrzeuge oft mit einem Einachs-Anhänger gefahren werden – sie kommen dann auf ein zulässiges Gesamtgewicht von 18,5 Tonnen – war diese Mehrleistung kein unnötiger Luxus, sondern trug zur Harmonisierung des Verkehrsflusses bei.

Nach fast 23 Jahren Bauzeit wurde die erfolgreiche LN 2/LK-Baureihe ab Frühjahr 1998 durch den neuen Atego abgelöst.

Die mittlere Klasse MK

Auf der IAA 1975 zeigte Daimler-Benz die Lastwagen der mittleren Klasse (MK) mit den Einheits-Fahrerhäusern der neuen Generation, die bereits in der Schwerlastwagen-Klasse ab 1973 eingeführt wurden und deshalb damals das Kürzel NG 73 erhielten. Die neuen MK-Fahrzeuge wiesen eine Motorenbandbreite zwischen 130 und 240 PS auf und erstreckten sich über den Gewichtsbereich von 10,3 bis 16 Tonnen Gesamtgewicht. Zugleich wurden neue Acht- und Neungang-Synchron-Getriebe entwickelt.

In der Klasse der 10 bis 16 Tonner konnte der Kunde zwischen Pritschenwagen, Kippern, Sattelzugmaschinen und Allradwagen mit unterschiedlichen Radständen sowie dem kurzen und langen Kippfahrerhaus wählen. Darüber hinaus standen Sonderfahrgestelle für den Kommunal- und Feuerwehreinsatz zur Verfügung.

Eine Besonderheit war das dreiachsige Betonmischer-Chassis in der Antriebskonfiguration 6 x 4.

Die Typenentwicklung der MK zwischen dem Erscheinen im September 1975 und dem Ende im Frühjahr 1998 verlief nicht geradlinig. Sie war für den interessierten Beobachter, aber auch für den Chronisten, ein mit unzähligen Fußangeln bestücktes Terrain. Das ergab sich aus mehreren Faktoren. Ein wichtiger Grund war das verständliche Bemühen des Marktführers, keine Marktlücke offen und somit keinen Kundenwunsch unerfüllt zu lassen. Ein anderer war die lange Bauzeit von 23 Jahren und den fast zwangsläufigen Überschneidungen. Erweiterungen und

Modifikationen durch sich ändernde Anforderungsprofile der Kunden, die wiederum durch permanent sich ändernde Gesetzesvorgaben auf Seiten der Abgasgesetzgebung und der Gewichtslimitierung beruhten, taten ein übriges, um aus dieser Geschichte, die durchaus eine Erfolgsstory war, einen fast undurchdringbaren Dschungel werden zu lassen. Nicht unerwähnt bleiben muß das lange Festhalten von Daimler-Benz an großvolumigen Saugmotoren im schweren Nutzlast-Bereich, während der Wettbewerb sich kleinvolumigeren Motoren mit Lader und Ladeluftkühlung zuwandte, die nicht unbedingt mit höherer Leistung, aber dafür mit mehr Drehmoment und somit Kraft bei niedrigerem Kraftstoffverbrauch glänzten.
Entwicklungsstufen gab es Anfang der 80er Jahre, als sich die MK von der NG 73- zur NG 80-Familie wandelte. Von außen am geänderten Grill mit Luftleitkörpern zu unterscheiden, waren es hauptsächlich neue Reihen- und V-Motoren, die die Reihe aktualisieren. Bei den Reihenmotoren erfolgte der Übergang von den Motoren der Baureihe OM 352 auf die aus ihnen entwickelten Nachfolger OM 366 als Saugmotoren, Ladermotoren und Intercooler.
Bei den V-Motoren vollzog sich ein Wechsel von den Motoren der Reihe OM 400 zur Reihe OM 420, die nur als Saugmotoren eingesetzt wurden. Das Bohrungs-Hub-Verhältnis änderte sich von 125 x 130 Millimeter in 128 x 142 Millimeter und führte bei den V6-Motoren zu einer Hubraumerhöhung von 9,6 Liter auf 11 Liter, bei den V8-Motoren von 12,8 Liter auf 14,6 Liter Hubraum.
Ab Mitte 1988 mutierten die Saugmotoren OM 422 zum OM 442. Sie unterschieden sich von den Vorgängern durch zwei Millimeter mehr Bohrung, die den Hubraum auf 15078 ccm anwachsen ließ. Mit den Leistungsstufen von 260 und 290 PS wiesen sie jeweils 10 PS mehr Leistung auf als die Vorgänger. Diese Hubraumerhöhung blieb auf die Saugmotoren beschränkt. In der MK kam das 260 PS Aggregat zum Einsatz.
Mitte 1988 wurden auch die V6-Motoren überarbeitet. Die Motoren mit der Bezeichnung OM 441 erhielten bei gleichem Bohrungs-Hub-Verhältnis eine Kurbelwelle mit gleichen Zündabständen von 120 Grad Kurbelwellenwinkel durch den Versatz der Hubzapfen um 30 Grad. Beginnend mit dem Intercooler OM 441 LA mit 340 PS erlebte diese Generation im 1733 in der MK ihre Premiere.

Mit Koffer-, Kühl-, Tank-, Silo-, Getränke- oder Wechselaufbauten weltweit im Einsatz – die mittlere MK-Klasse

Anfang der 90er Jahre fand im Zuge der sich verschärfenden Abgasgesetze eine weiter Zäsur statt, da mit den bisherigen großvolumigen Saugmotoren die Abgas-Grenzwerte nicht mehr zu erreichen waren. Gefragt waren jetzt ausschließlich Motoren, die als Intercooler ausgelegt waren.

Im April 1991 stellte Mercedes-Benz die neuen V6-Motoren als Intercooler vor. Aus dem guten alten OM 401, der mit der rauhen Stimme seiner ungleichen Zündabstände zahlreiche MK-Typen angetrieben hatte, wurde der OM 401 LA entwickelt. Mit dem Urvater gleichen Typennamens hatte er nur noch den Hubraum von 9,6 Litern gemeinsam. Schon bei der Kurbelwelle schieden sich die Geister. Man griff auch für diesen V6-Motor auf die Kurbelwellenkonstruktion des OM 441 LA zurück, die gleiche Zündabstände und einen kultivierten Motorlauf möglich machte. Durch den Einsatz des Turboladers in Verbindung mit der Ladeluftkühlung entstanden drei Leistungsklassen mit 245, 272 und 313 PS.

Mit dem Einsatz dieser LEV-Motoren mußten die alten Saugmotoren sozusagen ihren Hut nehmen, sie erfüllten die Abgasgrenzwerte nicht mehr. Mit den Zahlen 18 und 25 als erste zwei Ziffern vor der Typenbezeichnung wurde bereits den neuen zulässigen Gesamtgewichten von 18 Tonnen bei Zweiachsern und 25 Tonnen bei Dreiachsern Rechnung getragen. Mit dem 1831 fand auch das EPS Eingang in die MK.

Zahlreiche Typen entfielen in der Mitte der 80er Jahre im unteren Gewichtssegment durch Überschneidungen nach dem Erscheinen der viel modernen LN 2/LK Baureihe. Am oberen Ende der Gewichtsskala hingegen drangen Typen der MK-Baureihe tief in das Spektrum der schweren Klasse – SK – ein.

Die 10 Tonner der MK

Der 1013 als kleinster MK-Typ war mit dem 130 PS starken OM 352 ausgerüstet. Ihn gab es als Pritschenwagen mit drei Radständen sowie als Kipper (ein Radstand), Sattlezugmaschine (zwei Radstände) und als Allradmodell für Pritschenwagen und Kipper. Der 1013 wurde zwischen August 1975 und Oktober 1984 gebaut und fiel dem LN 2 zum Opfer.

Der 1017 unterschied sich vom schwächeren 1013 durch den aufgeladenen Motor OM 352 A mit 168 PS. Er wurde, außer den vom 1013 her bekannten Versionen, noch als

Der 1017A 4x4 dient der Bundeswehr als Versorgungs-LKW

Sattelzugmaschine mit Luftfederung und als Allrad-Sattelzugmaschine gebaut. Der 1017 A kam als Allradfahrzeug durch den Einsatz bei der Bundeswehr auf höhere Stückzahlen als der normale 1017. Für die Bedürfnisse der Militärverwaltungen wurde der 1017 A auch mit Einzelbereifung gebaut.

Der 1019 war das stärkste Modell dieser Gewichtsklasse. Ihn trieb der V6-Motor OM 401 mit 192 PS aus der V-Motoren-Baukastenreihe an. Er fristete zwischen Februar 1978 und Februar 1983 mit nur 75 gebauten Einheiten ein Exotendasein. Auf bedeutendere Stückzahlen kam die Allradausführung 1019 A, die vor allem als Feuerwehrfahrzeug Anklang fand.

Die 12 Tonner der MK

Der 1213 entsprach in seiner Auslegung dem 1013, fand aber aufgrund seiner größeren Nutzlast eine erheblich größere Verbreitung. Zusätzlich zum 1013 kam bei ihm noch eine Allrad-Sattelzugmaschine.

Der 1217 unterschied sich vom 1017 nur durch das höhere Gesamtgewicht.

Der 1219 entsprach von der Motorisierung her dem 1019, wies aber ein höheres Gesamtgewicht und somit auch eine höhere Nutzlast auf. Er wurde als Pritschenwagen, Kipper, Sattelzugmaschine, Allrad-Pritschenwagen und Kipper geliefert und zwischen Mai 1975 und März 1983 gebaut.

Die 14 Tonner der MK

Der 1413 und sein Offroadkollege 1413 A wiesen eine hohe Nutzlast und mit dem 130 PS starken OM 352 eine sparsame Motrisierung auf, die vornehmlich für den Einsatz als Solofahrzeug prädestiniert war. Der 1413 als Pritschenwagen konnte mit bis zu vier Radständen (3600,4200, 4800 und 5200 Millimeter) geliefert werden. Der Kipper und die beiden Allradversionen als Pritschenwagen und Kipper kamen jeweils nur in einer Radstandslänge zur Auslieferung. Der 1413 und 1413 A wurden zwischen März bzw. Juni 1975 und Dezember 1984 produziert.

Der 1414 als Nachfolger des 1413 wies als einzigen Unterschied den aus dem OM 352 weiterentwickelten, moderneren Motor OM 366 auf, der auch als Standardmotorisierung in den neuen Lastwagen der LN 2/LK-Baureihe diente. Von dem 1414 gab es keine Allradversionen. Gebaut wurde er ab dem März 1983.

1417 und 1417 A wiesen dieselbe Produktbreite und Tiefe auf wie der 1413. Im Unterschied zu diesem machten sich die 38 Mehr-PS des 168 PS starken Turbomotors OM 352 A durch die größere Zugkraft wohltuend bemerkbar. Der 1417 lief vom März 1975 bis Ende 1985 vom Band, der 1417 A vom Mai 1975 bis zum Oktober 1985. Beide Typen wurden von den „C-Modellen“ abgelöst.

1417 C und 1417 CA waren die Nachfolger der Typen 1417 und 1417 A. Von außen waren die Mitglieder NG 80 (Neue Generation 80) an dem fehlenden waagrechten Chromstreifen beiderseits des Sterns im Grill und den abschließenden Luftleitkörpern zur Schmutzfreihaltung der Seitenscheiben zu erkennen. Sie unterschieden sich hauptsächlich durch den aus dem OM 352 A weiterentwickelten OM 366 A mit 170 PS, der auch im LN 2/LK eingebaut wird.

Der 1419 wurde von dem 9,6 Liter großen und 192 PS starke V6-Motor OM 401 aus der Baukastenreihe OM 400 angetrieben, der für genügend Kraft, aber auch aufgrund seiner ungleichen Zündabstände des V6-Motors für einen rauhen Motorlauf sorgte. Den Pritschenwagen gab es in vier Radstandslängen, die mit einer luftgefederten Hinterachse versehenen 1419 L sogar in fünf verschiedenen Radständen. Dafür war der Kipper nur mit einem Radstand zu haben. Die Sattelzugmaschine mit und ohne luftgefederte Hinterachse wurde in zwei Radständen angeboten. Der Allradkipper und die Allrad-Sattelzugmaschine wiesen nur eine Radstandslänge auf. Gebaut wurden die 1419 zwischen April 1975 und November 1982. Nachfolger waren die Typen 1419 C und 1422 der NG 80-T-Reihe.

Der 1419 C war nicht nur einer der Nachfolger des 1419, sondern auch aufgrund seines Motors eine bis heute nie richtig verstandene Notlösung. In ihn wurde nicht der von den anderen „C-Modellen“ her bekannte OM 366, der auch in der LN 2/LK-Reihe Verwendung fand, implantiert, sondern der auf der alten Baureihe OM 352 aufbauende Intercooler OM 362 LA mit 192 PS, der den großvolumigen V6-Motor ersetzte. Ein Sechsgang-Getriebe mit Vorschaltgruppe sorgte dafür, daß der 1419 C nicht zum Verkehrshindernis wurde. Der 1419 C wurde zwischen dem Juli 1983 und Juni 1985 gebaut. Die Produktpalette entsprach der des 1419. Zusätzlich wurde ein Allradfahrgestell für den Feuerwehreinsatz gefertigt.

Der 1420 mit dem 204 PS starken Intercooler-Motor OM 366 LA, bekannt aus der LN 2/LK Baureihe, war der Nachfolger des 1419 C. Er wurde wie dieser als Pritschenwagen mit vier Radständen und als Fahrgestell mit Luftfederung angeboten. Die Kipper und Allradversionen gab es nicht mehr. Gebaut wurde der 1420 ab Juli 1985. Seine Rolle übernahmen zunehmend Fahrzeuge aus dem LN 2-Bereich.

Der 1422 aus der NG 80-Reihe ersetzte u.a. den 1419 aus NG 73 Reihe. Sein wesentlicher Unterschied, außer den bekannten äußerlichen Retuschen, bestand in dem weiterentwickelten V6-Motor OM 421. Dieser wies gegenüber seinem Vorgänger OM 421 vor allem einen größeren Hubraum von 11 Litern und eine höhere Motorleistung von 216 PS auf. Der Pritschenwagen wurde in vier Radständen angeboten, als Variante mit luftgefederter Hinterachse standen zwei Radstände zur Wahl. Darüber hinaus gab es Sattelzugmaschinen mit und ohne luftgefederter Hinterachse mit zwei Radständen. Produziert wurde der 1422 ab Juli 1981.

1424 und 1424 L waren mit ihren 240 PS starken 12,8 Liter-V8-Motoren OM 402 zunächst die Power Trains der MK. Der V8-Motor war der gleiche wie der in der SK verwendete 256 PS-Motor, der nur für den Einsatz in der MK leicht in der Leistung zurückgenommen wurde. Lieferbar waren außerdem Sattelzugmaschinen mit und ohne luftgefederter Hinterachse. Gebaut wurde der 1424 zwischen August 1975 und Juni 1983, der 1424 L zwischen April 1977 und August 1983. Nachfolger war der 1425.

Der 1425 und 1425 L lösten als Mitglied der NG 80-Familie den 1424 ab. Außer den äußeren Retuschen hoben sie sich besonders durch den 14,6 Liter großen OM 422 von den Vorgängern ab, der mit dem 280 PS starken Saugmotor identisch war und lediglich in der Leistung auf 250 PS zurückgenommen wurde. Hergestellt wurde der 1425 ab November 1981, der 1425 L ab Februar 1982.

Die 16 Tonner der MK

Der 1613 zeichnete sich durch eine hohe Nutzlast und mit seinen 130 PS des OM 352 – verbunden mit einem Fünfgang-Getriebe – durch eher bescheidene Fahrleistungen aus. In dieser Konfiguration war er nur als Solofahrzeug und dann auch nur für Distributionsaufgaben in flachen Gegenden geeignet. Es standen sechs Radstände für den Pritschenwagen mit und ohne Luftfederung zur Wahl, beim Kipper waren es zwei. Gebaut wurde der 1613 von Januar 1975 bis November 1984, der 1613 L von Februar 1977 bis April 1984.

Der 1614 war ein Mitglied der NG 80 mit seinen kleinen äußeren Retuschen und erhielt anstelle des auslaufenden OM 352 das Nachfolge-Baumuster OM 366, das mit 136 PS und 402 Nm Drehmoment über eine geringfügig höhere Leistung verfügte. Gebaut wurde der 1614, den es

Der 1619 wurde gerne als Solofahrzeug im Nahverkehr eingesetzt

mit vier verschiedenen Radständen und als Kipper gab, ab Mai 1983.

Der 1617 unterschied sich vom 1613 durch den 168 PS starken Ladermotor OM 352 A, der in Verbindung mit einem Achtgang-Getriebe plus Crawler für etwas bessere Fahrleistungen sorgte. Zu der vom 1613 her bekannten Variantenvielfalt gesellte sich noch ein Allradkipper. Hergestellt wurde der 1617 in derselben Variantenvielfalt wie der 1613, die noch durch den Allrad-Kipper 1617 AK erweitert wurde. Der 1617 wurde von Dezember 1974 bis 1985 gebaut, der Allrad 1617 A von November 1974 bis November 1984 und der 1617 L mit luftgefederter Hinterachse von Dezember 1976 bis Dezember 1984.

Der 1617 C löste als Mitglied der NG 80-Familie den 1617 ab. Motorseitig unterschied er sich durch den moderneren OM 366 A mit 170 PS. Das normale Fahrgestell gab es nur noch mit vier Radständen, den 1617 L mit drei Radständen und einen Kipper. Die Produktion des 1617 C lief je nach Ausführung in den Monaten Juni, August und September 1983 an.

Der 1619 wurde von dem kleinsten Motor aus der V-Motorenreihe OM 400 angetrieben. Der V6-Motor mit 192 PS zeichnete sich durch befriedigende Zugkraft im Solobetrieb, aber auch durch den rauhen Motorlauf des V6-Motors aus. Geliefert wurde die gesamte Bandbreite der MK-Modelle jener Jahre, die noch durch eine Sattelzugmaschine ergänzt wurde. Gebaut wurde der 1619 von Juli 1974 bis September 1983, der Allrad 1619 A von Januar 1975 bis November 1982, der 1619 L mit luftgefederter Hinterachse von Januar 1977 bis Februar 1983.

Der 1619 C ersetzte u.a. in der NG 80-Reihe den 1619. Auf der Motorenseite lief die schon beim 1419 geschilderte Entwicklung ab. Es wurden ausschließlich Pritschenwagen angeboten, für die drei Radstände zur Verfügung stehen. Der 1619 C wurde zwischen November 1982 und Juni 1985 gebaut. Nachfolger wurde der 1620.

Der 1620 wurde von dem 204 PS starken OM 366 LA angetrieben, der den OM 362 LA des Vorgängers ersetzte, dem er ansonsten entsprach. Zusätzlich gab es ein Fahrgestell mit Luftfederung in zwei Radständen.

Der 1622 war neben dem 1619 C der andere Nachfolger des 1619 im Typenprogramm. Wie dieser hatte er einen V6-Motor, den kleinsten Motor aus der weiterentwickelten Baureihe OM 420. Der OM 421 zeichnete sich durch einen auf 11 Litern erweiterten Hubraum und eine Leistung von 216 PS aus. Seine Domäne war der schwere Soloeinsatz. Pritschenwagen wurden deshalb in sieben Radständen, Pritschenwagen mit Luftfederung in vier Radständen angeboten. Darüber hinaus gab es Kipper mit und ohne Allradantrieb und Sattelzugmaschinen mit zwei Radständen. Produziert wurde der 1622 ab Juni 1981, der 1622 L ab Oktober 1981 und der Allrad-Kipper ab November 1981.

Der 1624 war mit seinem 12,7 Liter V8-Motor OM 402 und 240 PS Leistung der Stärkste der MK. Der Motor entsprach der 256 PS-Version des OM 402 aus der SK, war aber in der Leistung leicht gedrosselt. Angeboten wurde der 1624 als Pritschenwagen wie die schwächeren Typen in sechs Radständen und mit luftgefederter Hinterachse. Hinzukamen der Kipper und die Sattelzugmaschinen mit und ohne luftgefederter Hinterachse. Gebaut wurde der 1624 von August 1975 bis Oktober 1982, dann wurde er durch den 1625 ersetzt.

Der 1625 setzte als NG 80-Fahrzeug die Tradition seines Vorgängers des schwächsten V8-Motors in einem MK-Fahrzeug fort. Der 14,6 Liter große Motor OM 422 war in der Leistung auf 250 PS gedrosselt, entsprach ansonsten aber der 280 PS-Ausführung aus der SK. Vier Radstände bei Pritschenwagen und zwei bei den Sattlezugmaschinen, beide mit und ohne luftgefederter Hinterachse, sowie Kipper mit und ohne Allradantrieb stellten die Produktpalette dar. Gebaut wurde der 1625 ab Juni 1980.

Die 17 Tonner der MK

Im Jahr 1989 wurden durch die Anhebung des zulässigen Gesamtgewichts die bisherigen 16 Tonner durch Fahrzeuge mit 17 Tonnen ersetzt. Bei dieser Gelegenheit nahmen auch die Saugmotoren der Baureihe OM 422 ihren Abschied zugunsten der Nachfolger der Baureihe OM 442.

Der 1717 entsprach mit seinem Sechszylinder-Reihenmotor bis auf die erhöhte Nutzlast dem 1617 C. Geliefert wurden die Pritschenwagen mit vier Radständen, Pritschenwagen mit luftgefederter Hinterachse mit drei Radständen, Kipper mit zwei Radständen und der Allradkipper mit einem Radstand.

Der 1720 machte dieselbe Wandlung wie der 1717 durch. Ihn gab es als Pritschenwagen mit sieben Radständen, mit luftgefederter Hinterachse mit zwei Radständen. Außerdem wurde eine Sattelzugmaschine offeriert.

Der 1722 war der Nachfolger des 1622 von dem er sich vor allem durch den Motor OM 441 unterscheidet. Bei gleicher Leistung wie der Vorgänger wies er durch die Kurbelwelle mit gleichmäßigen Zündabständen eine größere Laufkultur auf.

Der 1726 ersetzte den 1725, von dem er sich neben dem höheren Gesamtgewicht durch den geringfügig im Hubraum vergrößerten Saugmotor OM 442 unterschied.

Der 1733, vorgestellt Mitte 1988, war mit seinem 330 PS starken Intercooler-Motor OM 441 LA das stärkste Modell der MK. Durch den nur etwa einen Meter langen V6-Motor war dieses Fahrzeug speziell für Volumenfahrzeuge und Fahrzeuge mit großer Ladelänge prädestiniert.

Die 18 Tonner der MK

Der 1827 wurde im April 1991 vorgestellt. Er wurde von dem neuen Intercooler-Motor OM 401 LA mit 272 PS angetrieben. Lieferbar waren Pritschenwagen mit und ohne luftgefederter Hinterachse (vier Radstände) und Sattelzugmaschinen mit und ohne luftgefederter Hinterachse (drei Radstände). Sie fanden vor allem im Verteilerverkehr und leichten Fernverkehr ihr Einsatzspektrum.

Der 1831 war mit einer Motorleistung von 313 PS der stärkere Bruder des 1827 und wurde in denselben Radstandsvarianten geliefert.

Die Fahrzeuge der MK wurden auch in den verschiedenen Achs- und Antriebskonfigurationen als Drei- und Vierachser geliefert. Zu nennen sind hier die Typen 2025 6 x 2/4, 2219 6 x 2/4, 2219 6 x 2, 2219 6 x 4 (diesen Typ gab es auch als SK), 2219 C 6 x 2, 2219 6 x 2/4, 2220 6 x 2/4, 2222 6 x 2/4, 2224 6 x 2, 2224 6 x 4, 2225 6 x 4, 2420 6 x 2, 2422 6 x 2, 2422 6 x 2/4, 2426 6 x 2/4, 2426 6 x 4, 2527 6 x 4 und 3234 8 x 4/4.

Die hier aufgeführten Fahrzeuge fanden vor allem als Baustellenfahrzeuge, Betonmischer und Kommunalfahrzeuge Verwendung.

Atego

Als im Februar 1998 die ersten Typen des Atego debütierten (Atego ist ebenso ein Kunstwort wie der Namen Actros), wurde ein neues Kapitel in der an Ereignissen nicht armen Nutzfahrzeuggeschichte bei Mercedes-Benz aufgeschlagen. Unter dem Begriff Atego wurden die bisherigen Fahrzeuge der LN2/LK-Klasse und der MK-Klasse zusammengefaßt. Die Ategos aller Gewichtsklassen sind völlig neu konstruierte Fahrzeuge.

So zeichnen sich schon die leichten Typen gegenüber ihren Vorgängern durch eine Fülle von Neuerungen aus. Das Einzige, was vom Vorgänger übernommen wurde, ist der dort schon erprobte 4,25 Liter Vierzylinder-Motor OM 904 LA von 122 PS, 152 PS und 170 PS Leistung mit der Hochdruckeinspritzung über Pumpe-Leitung-Düse-Elemente (PLD). Daran schließen sich die nach dem Baukastenprinzip aufgebauten 6,4 Liter-Sechszylinder-Motoren OM 906 LA mit Leistungen von 231 PS und 279 PS an, die im Actros ihre Premiere erleben.

Da der Schwerpunkt eindeutig beim Verteilerverkehr liegt, besitzen die leichten Ategos einen zweigeteilten Rahmen, der vorne um 102 Millimeter abgesenkt ist. Dadurch benötigen die Fahrzeuge bis 9,5 Tonnen nur

Die Sattelzugmaschine 1827 der MK als Star im Lebensmittelverteilerverkehr

eine Trittstufe, weil der Einstieg in das Fahrerhaus bei den Fahrzeugen bis 9,5 Tonnen um 150 Millimeter tiefer liegt als beim Vorgänger. Lediglich die Fahrzeuge bis 15 Tonnen brauchen zwei Trittstufen, die Einstiegshöhe liegt bei 966 Millimetern. Auch das Crashverhalten wurde durch diese Konstruktion positiv beeinflußt. Lenkaggregate und Motor werden im Falle eines Crashs unter dem Fahrerhausboden hindurchgeschoben.

Beim Fahrerhaus kann der Kunde unter den drei Varianten Standard-Fahrerhaus, der um 180 Millimeter längeren Fernfahrerkabine und der darauf aufbauenden Hochdachvariante wählen. Auch aerodynamische Gesichtspunkte blieben bei der Neukonstruktion nicht aussen vor. Das neue Fahrerhaus hat gegenüber dem Vorgänger der LK/LN 2-Reihe einen sechs Prozent günstigeren cw-Wert. Mit einer Innenbreite von 2000 Millimetern setzt der Atego im europäischen Vergleich neue Maßstäbe, das Raumvolumen der Kabine wuchs um 25 Prozent gegenüber dem Vorgänger. Die Bordelektronik ist über einen CAN-Datenbus vernetzt. So werden im Bordinstrument Diagnosedaten und Störungsmeldungen angezeigt. Nach dem Einschalten der Zündung durchläuft die Elektronik einen Funktionscheck, der eventuelle Fehlmengen anzeigt. Auf Wunsch kann das in Höhe und Neigung verstellbare Lenkrad der Ategos auch mit einem Airbag ausgerüstet werden. Gurtstraffer stehen auf Wunsch ebenfalls in der Preisliste.

Auf der Getriebeseite stehen zwei Sechsgang- und ein Zwölfgang-Getriebe eigener Fertigung sowie ein Fünfgang- und Neungang-Getriebe von ZF zur Auswahl. In Verbindung mit dem 279 PS-Motor wird als Standardausrüstung ein Zwölfgang-Getriebe mit Schalthilfe angeboten, das das Wechseln der Gänge erleichtert.

Auch bei den Bremsen wurde nicht gespart. Der Atego verfügt serienmäßig über Scheibenbremsen mit 10 bar Konstantbremsdruck und ABS.

Der Atego-Geschichte zweiter Teil ist den „schweren Jungs“ vorbehalten. Aus der Kombination von Atego-Elementen und Actros-Rahmen entstanden die Ategos ab 18 Tonnen.

Angetrieben werden sie von einem einzigen Triebwerk, der Neukonstruktion OM 906 LA, die mit 231, 245 und 279 PS und Drehmomenten von 810 bis 1100 Nm zur Verfügung steht. Der 245 PS-Motor nimmt insofern eine Sonderstellung ein, als er im Moment ausschließlich als Antriebsquelle für Feuerwehrfahrzeuge dient. Aufgrund

Der Atego 823 ist ein gut motorisierter Leichtlastwagen

der reinen PS-Zahlen mag die Leistung auf den ersten Blick ausreichen, zumal der kleine 6,4 Liter-Motor sich im Betrieb als sparsamer Drehmomentriese entpuppt. Im Verteilerverkehr geht die Rechnung mit den kleinen, spezifisch leistungs- und drehmomentstarken Motoren auch auf. Für den schweren Baustellen- und Fernverkehrseinsatz fehlen allerdings dringend die starken Motoren zwischen 300 und 400 PS mit entsprechendem Drehmoment. Da die im Gegensatz zu den Reihenmotoren breiter bauenden V-Motoren nicht unter die schmalere Atego-Hütte passen, steckt Mercedes-Benz in einem Dilemma, das es in der gleichen Form vor über 30 Jahren schon einmal gegeben hatte. Damals wurde zwischen den OM 322 und den OM 346 der OM 327 geschoben, der als Direkteinspritzer zum OM 360 avancierte und dann ersatzlos in der Schublade des Vergessens verschwand. Als Ersatz steht heute der auch in Brasilien gebaute Reihensechszylinder OM 457 bereit. Allerdings ist offen, wie lange es dauert, bis dieser Motor auch im Atego mit einem dann etwas höher gesetzten Fahrerhaus eingebaut wird.
Für die Umsetzung der Motorkraft in Vortrieb sorgt in der Standardausrüstung bis zu 36 Tonnen Gesamtgewicht ein Zwölfgang-Getriebe, bis zu 40 Tonnen muß es dann ein 16-Gang Getriebe sein. Bei den Bremsen übernimmt der Atego an beiden Achsen die Schwimmsattel-Scheiben vom Actros. Aus Kostengründen entfällt beim Atego allerdings die elektronische Steuerung.

Die 6,5 Tonner Atego

Der 712 als kleinster der Atego-Familie wird nur als Pritschenwagen mit drei Radständen angeboten. Der Intercooler-Vierzylinder-Motor OM 904 LA leistet in seiner schwächsten Einstellung 122 PS.
Den 715 gibt es als Pritschenwagen mit vier Radständen sowie mit luftgefederter Hinterachse mit zwei Radständen. Er wird mit dem 152 PS starken OM 904 LA ausgerüstet.

Die 7,0 bis 8,6 Tonner Atego

Wegen der Führerschein-Klasse-drei-Regelung ist diese Gewichtsklasse innerhalb der letzten Jahre zu einem umfangreichen Typensegment ausgebaut worden. Standen hier einmal vor drei Jahrzehnten zu seligen LP/LK-Zeiten kümmerliche 80 PS und fünf Gänge für den Antrieb bereit, so können heute über bis zu 230 PS und

Der Atego 1217 mit 170 PS-Vierzylindermotor OM 904 LA

zwölf Gänge verfügt werden, soweit diese Typen in ihrem Gesamtgewicht auf 7490 Kilogramm beschränkt werden. So weist der Bereich der Ategos die mit einer 8 in der Typenzahl beginnen, Modelle auf, die punktgenau auf 7490 Kilogramm ausgelegt sind und solche, die zwischen 7000 und 8600 Kilogramm liegen, aber mit dem bisherigen Pkw-Führerschein der Klasse drei gefahren werden können, sofern ihr zulassungsmäßiges Gesamtgewicht 7490 Kilogramm nicht überschreitet.

Der 812 wird nur als Pritschenwagen mit fünf Radständen gebaut. Der Intercooler Vierzylinder-Motor OM 904 LA leistet in seiner schwächsten Ausführung nur 122 PS.

Den 815 gibt es in zwei Baumustern. Da ist zunächst der 7,49 Tonner, den es als Pritschenwagen in fünf Radständen mit und ohne luftgefederter Hinterachse gibt. Als Kipper und Feuerwehrfahrzeug stehen je zwei Radstände zur Auswahl. Der 815 zwischen 7,0 und 8,6 Tonnen Gesamtgewicht gibt es als Pritschenwagen mit und ohne luftgefederter Hinterachse, als Kipper mit jeweils zwei Radständen. Beide Baumuster werden von dem 152 PS starken OM 904 LA angetrieben.

Der 817 ist in zwei Baumustern zu haben. Der 7,49 Tonner wird als Pritschenwagen mit und ohne luftgefederter Hinterachse in fünf Radständen und als Kipper in zwei Radständen geliefert. Das gilt auch für den 817 ist als Pritschenwagen zwischen 7,0 und 8,6 Tonnen Gesamtgewicht. Mit luftgefederter Hinterachse gibt es nur drei Möglichkeiten des Radstands, wobei die Gewichtsspanne dann zwischen 7,49 und 8,6 Tonnen liegt. Das gilt auch für den in zwei Radständen lieferbaren Kipper. Angetrieben werden die 817er von der stärksten Variante des 4,25 Liter großen Vierzylinder-Motors OM 904 LA mit 170 PS.

Der 823 ist mit seinem 231 PS starken Sechszylinder-Motor OM 906 LA der Powertruck in der Führerschein-Klasse- drei-Kategorie. Der Pritschenwagen wird mit vier Radständen, mit luftgefederter Hinterachse mit drei Radständen und als Kipper mit einem Radstand geliefert. Der 823 deckt die Gewichtspalette zwischen 7,49 und 8,6 Tonnen ab.

Die 9,5 bis 9,8 Tonner Atego

Der 917 wird von der stärksten Version des Vierzylinder-Motors OM 904 LA mit 170 PS angetrieben. Ihn gibt es als Pritschenwagen mit fünf Radständen, mit luftgefederter Hinterachse mit drei Radständen und als Kipper mit zwei Radständen. Der 917 AF 4 x 4 ist der kleinste Feuerwehrwagen mit Allradantrieb im Atego-Programm, er wird mit zwei Radständen ausgeliefert. Die Gewichtsspanne der Feuerwehrfahrzeuge ist zwischen 9,5 und 9,8 Tonnen variabel.

Der 923 ist mit seinem Sechszylinder-Motor OM 906 LA mit 231 PS die stärkere Variante in diesem Tonnagebereich. Der Pritschenwagen wird mit fünf Radständen, mit luftgefederter Hinterachse mit drei Radständen und als Kipper nur mit einem Radstand angeboten. Im 4 x 4 Bereich gibt es kein Modell des 923.

Die 10,5 Tonner Atego

Der 1017 unterscheidet sich vom 917 durch seine höhere Nutzlast, dem er aber in der Variantenvielfalt der Pritschenwagen entspricht. Im Unterschied zum 917 wird der 1017 als 4 x 4 Pritschenwagen und Kipper, letzterer ausschließlich, mit je einem Radstand angeboten.

Der 1023 unterscheidet sich vom 923 durch die höhere Nutzlast. Die Pritschenwagen werden in drei Radständen und mit luftgefederter Hinterachse in zwei Radständen gebaut.

Die 12 Tonner Atego

Genau genommen werden diese Fahrzeuge aus Gründen der Klassifizierung des Europa-Führerscheins mit einem Gesamtgewicht von 11990 Kilogramm zugelassen.

Den 1215, mit dem 152 PS starken Vierzylinder OM 904 LA, gibt es als Pritschenwagen mit und ohne luftgefederter Hinterachse mit drei Radständen und als Kipper mit einem Radstand.

Der 1217 hat die 170 PS-Vierzylinderversion des OM 904 LA. Als Pritschenwagen werden sechs Radstände, mit luftgefederter Hinterachse vier und als Kipper zwei Radstände geliefert.

Den 1223 mit dem 231 PS starken Sechszylinder OM 906 LA gibt es als Pritschenwagen mit sechs Radständen und mit luftgefederter Hinterachse mit vier Radständen.

Der 1225 mit dem 245 PS starken Motor OM 906 LA wird nur als Feuerwehrfahrzeug in den Antriebskonfigurationen 4 x 2 und 4 x 4 in jeweils zwei Radständen offeriert. Insofern stellt er im Atego-Typenprogramm eine Besonderheit dar.

Der 1228 mit dem 279 PS starken OM 906 LA wird nur als Pritschenwagen mit luftgefederter Hinterachse in drei Radständen geliefert.

Die 13,5 Tonner Atego

Der 1317 mit dem 170 PS starken OM 904 LA wird als Pritschenwagen mit fünf Radständen, mit luftgefederter Hinterachse mit vier Radständen, als Pritschenwagen als 4 x 4 mit zwei Radständen und als Kipper als 4 x 2 und 4 x 4 in jeweils einem Radstand gebaut.

Der 1323 mit dem 231 PS starken OM 906 LA ist als Pritschenwagen mit und ohne luftgefederter Hinterachse mit vier Radständen und als Sattelzugmaschine mit luftgefederter Hinterachse mit einem Radstand zu haben. Die 1323 LS ist die kleinste Sattelzugmaschine der Atego-Baureihe.

Den 1325 mit dem 245 PS starken OM 906 LA gibt es nur als Feuerwehrfahrzeug, das mit drei Radständen als 4 x 2 und zwei Radständen als 4 x 4 die größte Vielfalt im Angebot der Atego-Feuerwehrfahrzeuge bietet.

Der 1328 mit dem 279 PS starken OM 906 LA wird als Pritschenwagen mit und ohne luftgefederter Hinterachse mit je vier Radständen und als Sattelzugmaschine mit luftgefederter Hinterachse mit einem Radstand gebaut.

Die 15 Tonner Atego

Der 1517 mit dem 170 PS starken Vierzylinder-Motor OM 904 LA wird mit und ohne luftgefederter Hinterachse in vier Radständen, als 4 x 4 Pritschenwagen und Kipper mit je einem Radstand produziert. Besonders opulent sind diese Fahrzeuge nicht motorisiert und bestenfalls für den Soloeinsatz geeignet.

Der 1523 wird mit seinem 231 PS starken Sechszylinder-Motor OM 906 LA als Pritschenwagen mit und ohne luftgefederter Hinterachse mit vier Radständen und als Kipper in der 4 x 2 und 4 x 4 Ausführung mit einem Radstand angeboten.

Der 1525 mit seinem 245 PS-Motor OM 906 LA wird als Feuerwehrfahrzeug in der 4x4 Version mit einem Radstand ausgeliefert.

Der 1528 ist als schwerster und stärkster Lastwagen der momentane Endpunkt der leichten Atego-Baureihe. Angetrieben von dem 279 PS starken Sechszylinder-Motor OM 906 LA existieren Pritschenwagen mit und ohne luftgefederter Hinterachse mit vier Radständen, Pritschenwagen als 4 x 4 mit einem Radstand und Feuerwehrfahrzeuge als 4 x 4 mit zwei Radständen.

Die 17,8 bis 20,5 Tonner Atego

Die schweren Atego-Typen mit dem Suffix 18 in der Typenzahl bewegen sich in dem Gewichtsfenster zwischen 17,8 und 20,5 Tonnen Gesamtgewicht.

Der 1823 ist das kleinste Modell der schweren Atego-Baureihe. Angetrieben von dem 231 PS starken OM 906 LA gibt es die Pritschenwagen mit und ohne Luftfederung mit neun Radständen, die Kipper als 4 x 2 und 4 x 4

Der Atego 1323 ist die kleinste Sattelzugmaschine der Atego-Baureihe

KÖGEL
1823
ATEGO
S MM 1001

Der 1823 als schweres Lebensmittel-Verteilerfahrzeug

mit zwei Radständen und die luftgefederte Sattelzugmaschine mit einem Radstand.
Der 1828 mit dem 279 PS starken OM 906 LA wird als Pritschenwagen mit und ohne Luftfederung mit acht Radständen, als Pritschenwagen 4 x 4 mit zwei Radständen, als Kipper 4 x 2 und 4 x 4 mit je zwei Radständen und als Sattelzugmaschine mit luftgefederter Hinterachse mit einem Radstand dem werten Kunden angedient.

Die 24 bis 28 Tonner Atego
Der 2528 mit dem 279 PS starken OM 906 LA wird als Dreiachser 6x2 mit vier Radständen geliefert.

Die 25 bis 27 Tonner Atego
Der 2523 mit dem 231 PS starken OM 906 LA wird als 6 x 2/4 mit einem Radstand angeboten.
Der 2528 mit dem 279 PS starken OM 906 LA ist als 6 x 2/4 mit vier Radständen erhältlich.

Die 25 bis 27,5 Tonner Atego
Der 2628 mit dem 279 PS starken OM 906 LA wird als 6 x 4 und als Betonmischer mit je zwei Radständen und als Kipper mit drei Radständen geliefert.

Der Atego 1823 – Spezialist für Schwerlasten

Econic
Econic heißt das neue Zauberwort bei Mercedes-Benz nicht nur, wenn es um Entsorgungstechnik – für Althergebrachte: Es handelt sich schlicht um die gute, alte Müllabfuhr! – oder um Kommunalfahrzeuge überhaupt geht. Angesichts der Tatsache, daß in diesem Segment bisherige Lastwagen-Fahrgestelle aufgrund des völlig unterschiedlichen Anforderungsprofils ein Anachronismus waren, entwickelte Mercedes-Benz im Zuge der Produktoffensive ein auf kommunale Bedürfnisse zugeschnittenes Fahrzeugkonzept. Als der Econic Mitte Mai 1998 vorgestellt wurde, war er eine gelungene Überraschung.
Nachdem man sich schon bei Actros, Atego und Travigo der Kunstwortschöpfungen bedient hatte, wurde für den neuen Fahrzeugbereich der Begriff Econic geprägt. Der Econic, obwohl eine eigenständige Baureihe, ist von seinen technischen Genen her zwischen Atego und Actros angesiedelt. Vom Atego stammt der Motor OM 906 LA mit 231 bzw. 279 PS, an dem ein Fünfgang-Automat von

Allison angeflanscht ist, der noch auf Wunsch mit einem Retarder bestückt werden kann.

Achsenseitig wird auf die bewährten Aggregate der Lastwagen zurückgegriffen. Die Econics werden ausschließlich mit Volluftfederung geliefert. Bei dem Chassis werden Actros-Fahrgestelle modifiziert eingesetzt. So ist das Vorderteil abgesenkt, um einen tiefe und durchgehende Lage des Fahrerhauses zu erzielen. Im hinteren Chassisbereich ist es speziell für die Aufnahme von Spezialaufbauten vorbereitet.

Es werden drei Fahrgestellvarianten angeboten. Da ist zunächst das normale zweiachsige Fahrgestell in der Antriebskonfiguration 4 x 2. Darüberhinaus gibt es zwei dreiachsige Fahrgestelle mit lenkbarer zweiter Achse. Das eine verfügt über das Antriebskonzept 6 x 2/4, bei dem die vor dem Antriebsrad liegende Achse – Vorlaufachse – hydraulisch gelenkt wird. Das andere hat die gleiche Antriebskonfiguration, hier wird allerdings die Nachlaufachse hydraulisch gelenkt.

Das in zwei Ausführungen lieferbare Fahrerhaus erinnert mit seinem weit vorgezogenen, tiefen Einstieg und der Falttür auf der echten Seite den Betrachter eher an einen

Econic – das neue Kommunalfahrzeugkonzept

Stadtbus als an einen Lastwagen. Die niedere Kabine mit einer Innenhöhe von 1,48 Meter ist für Müllwagen mit Frontbeschickung, Drehleitern aber auch für Autotransporter gedacht. Die hohe Kabine verfügt über eine Innenhöhe von 1,92 m. Basis der Kabine ist ein aus Aluminium-Strangpreßprofilen zusammengeschweißter Käfig, der dann mit glasfaserverstärkten Kunststoffelementen beplankt wird. Gebaut werden die Econics in dem Mercedes-Benz-Spezialwerk für Sonderkonstruktionen der NAW.

Der 1823, bestückt mit dem 231 PS-Motor OM 906 LA wird als 4 x 2 mit drei Radständen und je nach Wunsch mit dem niederen oder hohen Fahrerhaus geliefert.

Der 1828 unterscheidet sich vom 1823 nur durch den 279 PS starken Motor OM 906 LA.

Der 2628 6 x 2/4 (VLA) mit dem 279 PS Motor und gelenkter Vorlaufachse ist mit vier Radständen und den zwei Fahrerhausvarianten zu haben.

Der 2628 6 x 2/4 (NLA) mit gelenkter Nachlaufachse ist ebenfalls mit vier Radständen und den zwei Fahrerhausvarianten lieferbar.

Die SK
Neue Generation 1973–NG 73

Die Geschichte der SK von 1973 bis zum Erscheinen des Nachfolgers Actros im Jahr 1996 zeigt die vielstufige Entwicklung über 26 Jahre Nutzfahrzeugentwicklung mit allen Höhen und Tiefen. Sie zeigt aber auch, wie ein zu langes Festhalten an bewährten Typen unter Umständen auch für den Marktführer zur Existenzfrage werden kann.

Als im August 1973 Daimler-Benz neue Kipper präsentierte, dachte damals niemand daran, daß dies für die nächsten 23 Jahre die letzten stilistischen Highlights im Bereich der schweren Lastwagen bei der Daimler-Benz AG sein würden. Gestaltet wurde die neue „Hütte“, wie Fernfahrer damals respektlos ihr Domizil zu nennen pflegten, unter der Leitung von Hermann Ahrens. Er war vor dem Krieg Leiter des Sonderwagenbaus und somit für die legendären Kompressorwagen der 30er Jahre verantwortlich. Nach dem Krieg gingen der 300 und der 300 S auf sein Konto.

Gegenüber den unter seiner Leitung entstandenen Personenwagen und den kubischen Fahrerhäusern der Vorgänger waren die Fahrerhäuser der NG 73 mit ihren Rundungen und der schräg stehenden Windschutzscheibe fast zurückhaltend bescheiden ausgefallen. So bescheiden, daß es am Anfang Akzeptanzprobleme gab. Ungeschickterweise lackierte man dann bei der Vorstellung der Fernfahrermodell 1974 die Fahrzeuge noch türkis, was der damaligen Einheitsfarbe der Ostblocklastwagen sehr ähnlich war. Der hohe Motortunnel im Innenraum tat ein übriges, um das Raumgefühl gegenüber dem Vorgänger, der fast einen ebenen Boden aufwies, als deutlichen Rückschritt erscheinen zu lassen.

Einen Vorteil hatten die Fahrerhäuser der NG 73 gegenüber ihrem Vorgänger – sie hatten einen deutlich günstigeren cw-Wert. Und noch ein weiterer Umstand, der damals zwingend zu den neuen Kippfahrerhäusern führte, darf im Rückblick nicht verschwiegen werden. So toll die alten Vorgängerfahrerhäuser für die Fahrer waren, für die Untertürkheimer Ingenieure waren sie aufgrund ihrer Instabilität auf schlechten Straßen nicht mehr zu verantworten. Das schloß sowohl für den Baustelleneinsatz als auch den Export nach Afrika und in

Achsverschränkung an einem 2632 AK 6 x 6 der NG73 auf dem Testgelände „Sauberg“ bei Gaggenau

den Nahen Osten aus. Heute noch unverständlich ist, daß die in diesem Zusammenhang konzipierten Hauben- und Kurzhaubenfahrerhäuser nicht realisiert wurden. Stattdessen wurden noch jahrzehntelang die alten Fahrerhäuser weitergebaut. Übrigens ging die MAN in diesem Fall den gleichen Weg.

Auf der Antriebsseite wurde mit der NG 73 konsequent die Baukastenreihe der Saugmotoren OM 400 vom V6- mit 9,6 Liter bis zum V10-Motor mit 16 Litern Hubraum eingesetzt. Aufgrund einer Vereinbarung mit der MAN über arbeitsteilige Komponentenfertigung von Achsen und Motoren lag der Part der Daimler-Benz AG schwerpunktmäßig bei den V-Motoren. Die Auswirkung dieses Agreements sind bis heute sowohl bei Mercedes-Benz als auch bei der MAN spürbar. Der stärkste europäische Motor im Serienlastwagen, der heute 600 PS starke V 10-Motor von MAN, geht auf den Mercedes-Benz-Stammvater OM 403 zurück; sonst gibt es bei MAN nur Reihenmotoren, die allerdings vom feinsten. Dagegen kam aufgrund dieser Vereinbarung die Entwicklung starker und moderner Intercooler-Reihenmotoren bei Daimler und Mercedes-Benz jahrelang zum Erliegen.

320 PS und 1010 Nm Drehmoment bei 1500 U/min wies damals Daimlers stärkster, der 16 Liter große V10-Motor OM 403 auf. Der V8-Motor OM 402 kam mit 12,8 Liter Hubraum auf 256 PS und Das, was heute nur noch kümmerlich wirkt, war schon damals bestenfalls dürftige Durchschnittskost. Zur Erinnerung: 1974 boten Scania 350 PS mit 1245 Nm, Volvo 330 PS mit 1255 Nm, MAN-Büssing 320 PS mit 1225 Nm und DAF 320 PS mit 1128 Nm an. Die Stärken des V10-Motors waren seine Haltbarkeit und seine Genügsamkeit. Die drehmomentstarken Turbos früherer Jahre waren zum Teil erheblich durstiger. Fleißig geschaltet und gedreht, mußte der V10-Motor in den Kasseler Bergen nicht unbedingt immer die rote Laterne tragen.

Die NG 80 alias SK

Die erste Entwicklungsstufe zeichnete sich als NG 80 gegen Ende der 70er Jahre ab. Äußerlich war die NG 80 an den Luftleitkörpern, die den Grill rechts und links einrahmten, und den fehlenden Chromstreifen rechts und links des Mercedes-Sterns zu erkennen. Die Motorenreihe OM 402 war gründlich überarbeitet worden und wandelte sich zum OM 422. Der Hubraum der Zylindereinheit wurde durch die Bohrungsvergrößerung und Hubverlängerung von 125 x 130 Millimeter auf 128 x 142 Millimeter erweitert und wuchs bei dem jetzt zum Standardtriebwerk mutierten V8-Motor von 12,8 Liter auf 14,6 Liter Hubraum. Der bisherige Standardmotor für den schweren Fernverkehr, der V10-Motor, wurde mit den selben Abmessungen zum OM 423 mit 18,3 Litern Hubraum weiterentwickelt und spielte als Saugmotor mit 355 PS und 1304 Nm von April 1984 bis Ende der 80er Jahre im Bausektor eine begrenzte Sonderrolle. Der OM 423 LA mit 500 PS und 2000 Nm blieb ab 1984 als Sondermotor in Schwerlastzugmaschinen Spezialaufgaben vorbehalten.

Zur IAA im September 1979 stellte Daimler-Benz mit dem 1638 sein neues Flaggschiff vor. Von außen beeindruckte das Topmodell durch das ausschließlich lieferbare Großraumfahrerhaus. Es war 164 Millimeter breiter und 148 Millimeter höher als das normale L-Fahrerhaus und verfügte über von außen zugängliche Stauräume und hatte die Luftansaugung über dem Kabinendach. Dieser mit einem Intercooler V8-Motor mit 375 PS und einem Drehmoment von 1550 Nm bestückte Lastwagen war für die am schweren Nutzfahrzeug interessierten Kreise insofern eine kleine Sensation, als sich hier zeigte, daß man nun endlich auch in Untertürkheim gewillt war, die Abkehr vom reinen Saugmotor einzuläuten, wenn auch vorerst nur in kleinen Schritten. Denn richtig auf den Markt kam dieser Bulle erst ein Jahr später.

Dann allerdings wurde auch der kleinere Bruder mit 330 PS und 1402 Nm Drehmoment im Lkw nachgereicht – im Omnibus war er schon früher lieferbar –, der sofort ausgeliefert wurde. Seine geringere Leistung rührte aus dem Fehlen des Ladeluftkühlers. Das unterste Segment deckte der neue OM 422 als Saugmotor mit 280 PS und 1040 Nm ab. Hier traf der an sich grundsolide Saugmotor auf die Konkurrenz aufgeladener Reihensechszylinder von DAF, MAN, Scania und Volvo, denen er im Hinblick auf Drehmoment und Verbrauch das Wasser nicht reichen konnte. Bei den „Brot und Butter-Autos" hielten die Untertürkheimer also noch eisern am Saugmotor fest.

Die zweite Stufe der Weiterentwicklung wurde auf der IAA im September 1985 mit 354 PS und 1600 Nm bzw. 435 PS und 1765 Nm präsentiert. Einspritzdüsen mit mehr Bohrungen und Einspritzdrücke von bis zu 1000 bar sorgten für geringereren Verbrauch und niedrigere Schadstoffwerte. Sie waren das offiziell proklamierte Ziel einer erneuten Motorüberarbeitung, die zu der weiterentwickelten Motorenbaureihe OM 442 führte. Daß dabei erheblich mehr Leistung anfiel, wurde augenzwinkernd in Kauf genommen, hatte es man doch den „Wikingern" wieder einmal gezeigt.

Ein weiterer Clou, der zwar zunächst für berechtigte und kontroverse Diskussionen sorgte, war der Einsatz des

EPS, das bei allen aufgeladenen Motoren serienmäßig war. Die elektronisch-pneumatische Schalthilfe EPS vereinfachte den Schaltvorgang der 16 Gangstufen, indem Druckluftzylinder den Schaltvorgang des ZF-Ecosplit Getriebes übernahmen. Zwar mußte immer noch die Kupplung getreten werden, doch entfiel das Sortieren der Gänge in den Schaltgassen. Zurückgeschaltet wurde, indem man den Schaltstummel einfach nach hinten zog, hochgeschaltet wurde, indem man den Stummel nach vorne schob. Rastete er mit einem kleinen Klack am Anschlag ein, war der Gang „drin". Gesplittet wurde nach wie vor durch den Splitthebel. Kritik riefen der langsame Schaltvorgang und die maximal 2,5 Gangsprünge hervor. Hinzu kamen am Anfang Probleme mit der elektromagnetischen Verträglichkeit. Bei Allradfahrzeugen, Kippern und Betonmischern wurde aufgrund der schnelleren Schaltbarkeit das mechanisch betätigte Synchrongetriebe beibehalten. Im Innenraum wurden die Instrumente mit Durchlichttechnik aus der LN 2-Baureihe übernommen.

Neu war ebenfalls der niedrigere und 200 Kilogramm leichtere Monorahmen und die Möglichkeit, das Gewicht durch Tanks und Luftbehälter aus Aluminium zu reduzieren.

Die dritte Entwicklungsstufe wurde drei Jahre später präsentiert. Nachdem ab 1989 die Gesamtgewichte auf 17 Tonnen angehoben wurden, war es selbstverständlich, daß dies bei der Überarbeitung berücksichtigt wurde. Von außen waren die „17er" an der nach vorne abfallenden Fensterlinie und der sich endlich nach oben öffnenden Wartungsklappe erkennbar. Im Innenraum fielen neue freundlichere Farben und das kleinere Lenkrad auf. Nicht zu sehen, aber nicht weniger wichtig war das von Daimler-Benz entwickelte Schaltgetriebe mit Aluminiumgehäuse, welches 100 Kilogramm leichter und kürzer war als das bisher von ZF bezogenen Ecosplit-Getriebe.

Im Bereich der SK sorgten zwei neue Modelle für Aufmerksamkeit. Im 1729 ersetzte der OM 442 den guten, alten Saugmotor OM 422. Gegenüber diesem und auch gegenüber den aufgeladenen Motoren der Baureihe OM 442 erhielt er eine Bohrung von 130 Millimetern, was zu einem Gesamthubraum 15 Litern führte. 290 PS und 1100 Nm zeichneten den Einsteigsmotor in die SK aus. Die zweite Neuheit ist der 1748, der schon nach nicht einmal drei Jahren das bisherige Flaggschiff 1644 ersetzte.

Sattelzugmaschine 1638S der NG80 mit Dreiachsauflieger

2028

MAN mit dem 19.462, Scania mit dem R 143 und Volvo mit dem F 16 zwangen zu einer erneuten Leistungsanhebung. Wollte man im Reigen der prestigeträchtigen Powertrucks nicht die rote Laterne tragen, so mußte man in Untertürkheim reagieren. Das Anheben des Verbrennungsdrucks von 15 bar auf nahezu 17 bar führte zu einer Leistung von 480 PS und 2000 Nm, womit Daimler-Benz in der Leistung wieder einmal die Pace machte. Nur beim Drehmoment mußten sich die Untertürkheimer gegenüber Volvo um vernachlässigbare 5 Nm geschlagen geben. Fünf Liter mehr Motoröl führten zum Anheben der Ölwechselintervalle von 30 000 auf 45 000 Kilometer. Kein geringerer als Jürgen E. Schrempp präsentierte Mitte 1988 damals als Nutzfahrzeug-Chef die überarbeitete SK.

Der dritte Schritt in der so unendlichen SK-Geschichte erfolgte zur IAA 1991. LEV für Low Emission Vehicle hieß das Zauberwort jener Jahre, das die Nutzfahrzeug-Entwickler beflügelte, ihnen so manche schlaflose Stunde bescherte und Sorgenfalten in die Stirn meißelte.

1628 – der NG80 als Fernlastzug

LEV bedeutete nicht nur die ab Herbst 1993 vorgesehenen verschärften Abgasbestimmungen nach Euro I, sondern auch drastisch reduzierte Lärmwerte, die sich in umfangreichen Motorkapselungen niederschlugen. LEV bedeutete bei Mercedes-Benz aber auch endgültig das Ende großvolumiger Saugmotoren. Die Abgasemissionswerte waren nur noch mit Intercooler-Motoren zu erreichen.

In der 380 PS-Klasse wurde der alte V 8-Motor OM 402 reaktiviert. Mit aktualisiertem Verbrennungsverfahren durch Fünflochdüsen und zum Brennraum hin eingezogener Kolbenmulde und Ladeluftkühlung deckte dieser 12,8 Liter-Motor mit 381 PS und 1700 Nm den Basisbedarf in der jetzt auf 18 Tonnen Gesamtgewicht angehobenen Fernverkehrsklasse. Die nächsten beiden Leistungsstufen wurden durch den überarbeiteten OM 442 LA abgedeckt. 435 PS mit 1800 Nm und 503 PS mit 2020 Nm waren das Ergebnis der Überarbeitung. Eine Unart war allerdings allen sauberen Euro I-Motoren zueigen: Sie waren bei hohen Drehzahlen verbrauchsempfindlich. Das schlug sich bei häufigem Aufsuchen hoher Drehzahlen in deutlich höheren Verbrauchswerten nieder. Die Euro I-Motoren waren gegen Aufpreis lieferbar, die Übergänge verliefen fließend.

Eine weitere Neuerung betraf ab Mitte 1992 die Lenkung. Mit der neuen Lenkung LS 6 bzw. LS 8 wurde nach Jahren des Wartens endlich ein System offeriert, da auch in der Mittellage ein präzises Lenken ohne indifferentes Rudern ermöglichte. Zum guten Schluß wurde das jahrelange Flehen der Trucker nach größerem Raumvolumen des Fahrerhauses erhört. Sowohl für das L-Fahrerhaus als auch für das Großraumfahrerhaus wurde ein Hochdach angeboten. So schaffte man es wieder einmal, die gute alte SK Klasse zu aktualisieren, ohne ein wirklich neues Fahrzeug auf die Beine gestellt zu haben, auch wenn die Marketingpropheten nie müde wurden, das Lied von völlig neuen Konstruktionen hinauszuposaunen.

Nur zwei Jahre vor der Einführung des Actros erfolgte 1994 die vierte Überarbeitung der SK. Euro II mit weiter verschärften Abgasgrenzwerten lautete nun eine Devise. Die zweite Herausforderung bestand in der Verbesserung des Wirkungsgrades und somit des Verbrauchs, der bei der Einführung von Euro I vor allem bei höheren Drehzahlen doch arg gelitten hatte. Eine neue Einspritzpumpe von Bosch mit erweiterter Förderbeginnverstellung sowie Sechslochdüsen und auf 1100 bar gestiegene Einspritzdrücke ließen, bei auf Euro II gesenktem Schadstoffausstoß, fülligere Leistungskurven zu.

In der 380 PS-Klasse wurde das Intermezzo des 12,8 Liter-V8-Motors OM 402 LA beendet. Zu zahlreich war die Kritik aus dem Baubereich, wo es auf Kraft bei niedrigen Drehzahlen ankommt. Auch für diesen Leistungsbereich kam wieder der 14,6 Liter Motor OM 442 LA zum Einsatz. Die Leistungswerte des OM 442 LA nach Euro II sahen folgendermaßen aus: 381 PS und 1850 Nm (Vorgänger Euro I – 381 PS und 1775 Nm), 435 PS und 2100 Nm (Vorgänger Euro I – 435 PS und 1900 Nm), 530 PS und 2300 Nm (Vorgänger Euro I 503 PS und 2020 Nm). Was aus den nackten Leistungswerten nicht hervorgeht, ist die Tatsache, daß die Euro II-Motoren im mittleren Drehzahlbereich zwischen 20 und 40 PS mehr Leistung bereitstellen als die noch gebauten Euro I-Vorgänger. Die Motorbremse mit Konstantdrossel war nun serienmäßig.

Der 2244 L 6 x 2 als Containerzug im Fernverkehr

Die Getriebe erhielten eine größere Spreizung als bisher, d.h. die unteren Gänge wurden kürzer ausgelegt, während die oberen Gangstufen zur Reduzierung der Drehzahl länger ausgelegt wurden. Dieses Getriebe wurde dringend nötig, da die immer längeren Triebstrangauslegungen die Rangiergeschwindigkeiten zwangsläufig erhöhten und so nicht nur zu einer schlechteren Fahrbarkeit, sondern auch zu einem höheren Kupplungsverschleiß führten.
Auch das Fahrerhaus mußte noch einmal Änderungen über sich ergehen lassen. Geändert wurde die Bugschürze, und der Grill erhielt mit vier breiten Querbalken ein markanteres Aussehen. Im Inneren hielt ein Vierspeichenlenkrad mit 450 Millimeter Durchmesser Einzug. In Verbindung mit der 1992 eingeführten Lenkung waren die in der Vergangenheit zurecht kritisierten Lenkeigenschaften kurz vor dem Ende der Serie nun endlich auf dem Stand des Wettbewerbs angekommen.
Im August 1973 wurde die NG 73-Reihe zunächst mit den Baustellenfahrzeugen als 6 x 4 und 6 x 6 mit 256 PS starken V8-Motoren und 320 PS starken V10-Motoren vorgestellt.
Im Mai 1974 wurde das Programm um die Pritschenwagen und Sattelzugmaschinen komplettiert. Zeitgleich wurde auch das für den Fernverkehr unverzichtbare lange Fahrerhaus eingeführt.
1975 wurden für den Verkehr mit Wechselpritschen luftgefederte Hinterachsen bei den schweren Typen eingeführt. Auf der IAA desselben Jahres erlebte die legendäre Sattelzugmaschine mit zwei gelenkten vorderen Achsen (die zweite gelenkte Achse sitzt kurz vor der Hinterachse) als 2032 S 6 x 2/4 ihre Wiedergeburt.
Im September 1979 begann auf der IAA mit der Vorstellung des 1638 mit 375 PS-Intercooler-V8-Motor und Großraumfahrerhaus die Ablösung der NG 73 durch die NG 80. Einführung des ABS für LKW.
1980 war der Serienanlauf des 1638 sowie Vorstellung und Serienanlauf des 1633 mit V8-Ladermotor und 1628 mit V8-Saugmotor.
Im September 1985 auf der IAA erschienen die neuen Typen 1635 und 1644 als Nachfolger des 1633 und 1638. Ab Anfang 1987 wurden auch Lkw mit Volluftfederung angeboten. Mitte 1988 war die Einführung der SK-Typen 1729, 1735 und 1748.
Im April 1991 zur Hannover Messe war die Vorstellung der Euro I-Typen 1838 mit 12,6 Liter-V8-Motor und 1844 und 1850 mit 14,6 Liter-V8-Motor.
Mitte 1992 fand die Einführung der neuen Lenkgetriebe LS 6 und LS 8 sowie des Hochdachfahrerhauses, Mitte 1994 die Einführung der Euro II-Typen 1838, 1844 und 1853 mit 14,6 Liter-V8-Motor statt.

Die 16 Tonner der SK

Der 1719 irritierte durch seine Typenbezeichnung, da er der kleinste Lastwagen der SK mit 16 Tonnen Gesamtgewicht war, im Gegensatz zum nahezu gleichzeitig gebauten 1619, der ebenfalls mit 16 Tonnen Gesamtgewicht aufwartet. Der 1619 war aber aufgrund seiner Rahmenbasis der MK zuzuordnen. Der 1719 hatte den 9,6 Liter-V6-Motor OM 401 mit 192 PS und wurde als Pritschenwagen, Kipper 4 x 2 und 4 x 4 und Sattelzugmaschine mit jeweils einem Radstand von Oktober 1973 bis April 1982 gebaut.
Der 1626 eröffnete mit dem 12,8 Liter-V8-Motor OM 402 mit 256 PS und 833 Nm damals als kleinster 16 Tonner das SK-Programm der NG 73. Er wurde als Pritschenwagen mit drei Radständen, als Pritschenwagen mit luftgefederter Hinterachse mit vier Radständen, als Kipper 4 x 2 und 4 x 4 mit einem Radstand, als Sattelzugmaschine mit und ohne Luftfederung mit drei Radständen und als Sattelzugmaschinen 4 x 4 mit zwei Radständen geliefert. Gebaut wurde der 1626 von Juli 1973 bis Juni 1981.
Der 1628 mit dem 14,6 Liter-V8-Motor OM 422 mit 280 PS und 1040 Nm war als kleinster 16 Tonner im SK-Programm der NG 80 der Nachfolger des 1626. Er wurde als Pritschenwagen mit zwei Radständen, mit luftgefederter Hinterachse mit drei Radständen, ab 1987 voll luftgefedert mit einer Hinterachse, als Sattelzugmaschine mit drei Radständen, mit luftgefederter Hinterachse mit zwei Radständen und als Militär-Lastwagen 4 x 4 mit einem Radstand geliefert. Produziert wurde er ab August 1979.
Der 1632 war der Fernverkehrslastwagen der NG 73 schlechthin. Sein 16 Liter-V10-Motor OM 403 hat 320 PS und 1010 Nm. Er wurde als Pritschenwagen mit und ohne luftgefederter Hinterachse mit zwei Radständen, als Kipper 4 x 2 und 4 x 4 mit einem Radstand, als Sattelzugmaschine mit drei Radständen und als Sattelzugmaschine 4 x 4 mit zwei Radständen gebaut. Der 1632 wurde zwischen Juli 1973 und September 1983 montiert.
Für den Export gab es die beiden Typen auch als 1926 bzw. 1932 mit 19 Tonnen Gesamtgewicht.
Der 1633 ist nicht nur numerisch, sondern auch tatsächlich der Nachfolger des 1632. Der NG 80 zugehörend, wurde er von dem aufgeladenen 14,6 Liter-V8-Motor OM 422 A mit 330 PS und 1402 Nm angetrieben. Besonders das gegenüber dem 1632 40 Prozent höhere Drehmoment und die verdoppelte Zahl der Schaltstufen ließen den 1633 gegenüber dem Vorgänger zum Rennkamel werden, denn er war nicht nur wesentlich schneller, er war auch deutlich genügsamer im Kraftstoffverbrauch. Den 1633 gab es als Pritschenwagen mit einem Radstand

und als Sattelzugmaschine mit zwei Radständen. Dieser Lkw wurde ab November 1980 gebaut. Für den Export gab es den 1933 als Chassis für Pritschenwagen mit dem gleichen Radstand, wie ihn der 1633 hatte.

Der 1635 war der Nachfolger des 1633. Der aufgeladene 14,6 Liter-V8-Motor OM 442 hat 354 PS und 1600 Nm. Er wurde als Pritschenwagen und Kipper mit je einem Radstand und als Sattelzugmaschine mit zwei Radständen sowie als Sattelzugmaschine mit luftgefederter Hinterachse mit einem Radstand geliefert. Der 1635 wurde ab Ende 1985 gebaut. Für den Export gab es den 1935 als Pritschenwagen und Sattelzugmaschine mit je drei Radständen und als Sattelzugmaschine 4 x 4 und Kipper 4 x 4 mit je einem Radstand.

Der 1636 war zunächst eine Zwischenlösung bis zum Erscheinen des 1635. Der V10-Saugmotor OM 423 war eine Weiterentwicklung aus dem OM 403 und verfügte über 18,3 Liter Hubraum mit 355 PS und 1304 Nm. Er wurde aus der Not geboren, als in Italien bei 44 Tonnen Geamtgewicht 8 PS pro Tonne vorgeschrieben waren und der OM 442 A noch nicht verfügbar war. Der Pritschenwagen und die Sattelzugmaschine mit luftgefederter Hinterachse wurden jeweils mit einem Radstand, die Sattelzugmaschine mit zwei Radständen geliefert. Der 1636 wurde ab Februar 1984 gebaut und war im Ostblock und auf Baustellen aufgrund seiner Anspruchslosigkeit und Robustheit ein beliebtes Fahrzeug. Mit besonders hohem spezifischen Drehmoment oder niedrigem Spritverbrauch konnte er naturgemäß nicht dienen.

Der ausschließlich vor allem für den Italien-Export bereits seit Dezember 1980 gebaute 1936 verfügte über ein breiteres Angebotsspektrum. Er wurde als Fahrgestell mit und ohne luftgefederter Hinterachse mit einem Radstand als Kipper 4 x 2 und 4 x 4 mit je einem Radstand und als Sattelzugmaschine 4 x 2 und 4 x 4 mit je einem Radstand geliefert.

Der 1638 war auf der IAA 1979 eine Überraschung, mit der man nicht unbedingt gerechnet hatte. Äußerlich kaum von den bisherigen Brüdern der SK zu unterscheiden, hatte er es faustdick unter dem Blech, vor allem die Sattelzugmaschine. Das begann beim Rahmen: Abweichend von der bisherigen Praxis eines Hilfsrahmens, der auf dem normalen Chassis die Sattelkupplung trägt, verfügte der 1638 über einen Rahmen aus einem doppelten U-Profil, der eine 120 Millimeter geringere Höhe hatte und somit einen 8 1/2 Fuß-Container unter Einhaltung der gesetzlichen Maximalhöhe von vier Metern befördern konnte. Zur Reduzierung des Gesamtgewichts hatte der 1638 Parabelfedern.

Obwohl der 1638 nur mit dem neuen Großraumfahrerhaus geliefert werden konnte, weil bei seiner Konstruktion der Platz für den Ladeluftkühler berücksichtigt wurde, war der 1638 nur eine halbe Tonne schwerer als der 1628 mit Saugmotor und L-Fahrerhaus.

Eine Besonderheit war damals Daimlers erster Intercooler in der SK. Der V8-Motor OM 422 LA mit 375 PS und 1550 Nm zog in der Leistung mit dem selbsternannten „King of the Road“ Scania 141 gleich und übertraf ihn im Drehmoment. Der Serienanlauf des Untertürkheimer Topmodells verzögerte sich um ein Jahr und fand erst 1980 statt. Der 1638 wurde als Pritschenwagen und als Sattelzugmaschine mit luftgefederter Hinterachse mit einem Radstand und als Sattelzugmaschine mit zwei Radständen geliefert. Für den Export gab es den 1938 als Pritschenwagenfahrgestell und als Sattelzugmaschine.

Der 1644 löste im September 1985 den 1638 ab. Hauptkonkurrent Scania war mit seinem R 143 Intercooler mit 420 PS und 1725 Nm davongezogen, da konnten die Untertürkheimer nicht zurückbleiben. Eine überarbeitet Dieselverbrennung durch höheren Einspritzdruck, Einspritzdüsen mit mehr Bohrungen für bessere Dieselzerstäubung führten dazu, daß der Kraftstoff später aber schneller eingespritzt wurde. Das Ergebnis waren gegenüber dem Vorgänger OM 422 LA drehmomentstärkere und sparsamere Motoren, die jetzt OM 442 LA genannt wurden und eine Leistung von 435 PS und 1765 Nm bereitstellten.

Eine weitere Neuerung war das EPS-System, das das Schalten der 16 Gangstufen erleichterte, indem es nur noch zwei Schaltpositionen gab: nach vorne zum Hochschalten und zurück zum Herunterschalten. Die Schalterleichterung wurde begrüßt, die Schaltgeschwindigkeit des Systems und das nur 1,5fache Überspringen von Gangstufen kritisiert. Mangels längerer Achsübersetzungen der APL-Achsen war der letzte Gang des ZF-Ecosplit Getriebes mit 0,83 ins Schnelle übersetzt. Der 1644 wurde in derselben Typenvielfalt wie der 1638 angeboten; das galt auch für den Exporttyp 1944.

Die 17 Tonner der SK

Der 1729, Mitte 1988 vorgestellt, ersetzt den 1628. Er war mit seinem 15 Liter-V8-Saugmotor OM 442 der letzte Vertreter großer Saugmotoren in der Schweren Klasse. Dieser Motor wurde analog zu den Maßnahmen, die vom Grundmotor OM 422 zum OM 442 führten, überarbeitet. Darüberhinaus wurde, ausschließlich für den Saugmotor, die Bohrung um zwei Millimeter auf 130 Millimeter erweitert, was zu dem Gesamthubraum von 15 078 führte. Der Motor leistete 290 PS und brachte 1100 Nm. Der 1729 hatte das neue hauseigene Schaltgetriebe von Daimler-Benz, das zwar 100 Kilogramm leichter und kürzer war als das bisherige ZF-Ecosplitgetriebe, diesem aber in den Gangabstufungen entsprach. Gebaut wurden Pritschenwagen mit und ohne Luftfederung in je zwei Radständen, Kipper 4 x 2 und 4 x 4 in zwei Radständen und Sattelzugmaschinen mit und ohne Luftfederung in drei Radständen. Von außen war der 1729 an der schräg nach unten laufenden Fensterlinie in den Seitentüren zu erkennen, im Innneraum war das Volant 50 Millimeter kleiner.

Der 1735 unterschied sich vom Vorgänger 1635 am wenigsten von den in der Mitte des Jahres 1988 vorgestellten Typen der SK-Bauureihe. Am Motor OM 442 A änderte sich nichts. Das ZF-Ecosplit Getriebe wurde durch die hauseigene Schaltbox mit Alugehäuse ersetzt, das Gesamtgewicht von 16 auf 17 Tonnen angehoben und die Optik durch die nach vorn abfallende Fensterlinie der Türen leicht geändert. Der Fahrer freute sich über das mit 500 Millimeter nicht mehr ganz so riesige Lenkrad.

Der 1748 löste nach nur drei Jahren Bauzeit den 1644 ab. Warum? Ein Grund waren die Innovationssprünge jener Jahre im gesamten Wettbewerb. Das skandinavische Imperium in Form von Scania und Volvo hatte wieder einmal zugeschlagen. Volvo präsentierte seinen F 16 mit einem 16 Liter großen Sechszylindermotor mit 456 PS und 2005 Nm und Scania seinen neuen R 143 mit seinem 14,2 Liter-V-8-Motor mit 450 PS und 1915 Nm.

So konnte es nicht ausbleiben, daß gerade in der Königsklasse auch Daimler-Benz nachlegen mußte. Heraus kam der weiterentwickelte 14,2 Liter-V8-Motor OM 442 LA. Höhere Verbrennungsdrücke als beim 440 PS Motor ergaben 480 PS und 2000 Nm. Natürlich löste auch im 1748 das hauseigene Getriebe mit Aluminium-Gehäuse das bewährte ZF-Ecosplit Getriebe ab. Schon damals fragte sich mancher, ob das im Zuge von überall anlaufenden Ausgliederungen von Produktionen aus Gründen der Kostenoptimierung, ein weiser Schritt gewesen war. Innen empfing den Trucker das kleinere Lenkrad und die überarbeitete, freundlichere Inneneinrichtung. Außen fielen lediglich die nach vorn abfallenden Fensterlinien in den Türen auf.

Der 1838 Euro I wurde im April 1991 auf der Hannover Messe als Nachfolger des 1735 gezeigt. Neben dem um eine Tonne angehobenen Gesamtgewicht war die heraus-

Der 2636 AK, ein robuster Vertreter der SK-Klasse

ragende Neuigkeit der nach Euro 1 schadstoffarme V8-Motor OM 402 LA mit 381 PS und 1775 Nm. Um die Abgasgrenzwerte zu erreichen, kam man auch in Untertürkheim generell um Intercooler-Motoren nicht mehr herum. Saugmotoren oder Ladermotoren ohne Ladeluftkühlung hatten da keine Chance mehr. Warum man aber damals gerade den kleinen V8-Motor der längst vergessenen Baureihe OM 402 aus der Versenkung holte, hat bis heute selbst im eigenen Hause niemand so richtig verstanden. Das mangelnde Drehmoment im Drehzahlkeller des 12,8 Liter-Motors im Vergleich zu dem größeren Bruder mit 14,6 Liter Hubraum verschaffte diesem Triebwerk keine große Fangemeinde unter den Truckern. Speziell im Baustelleneinsatz, wo es auf Kraft im unteren Drehzahlsegment ankommt, fehlte der Hubraum des Vorgängers und, was noch schlimmer war, der Verbrauch war auch höher.

Gebaut wurde der 1838 als Pritschenwagen, als Sattelzugmaschine mit und ohne Luftfederung in allen vier Fahrerhausvarianten mit je zwei Radständen, als Pritschenwagen mit Luftfederung in den drei Standardfahrerhäusern mit zwei Radständen und als Pritschenwagen mit Luftfederung und Großraumfahrerhaus mit einem Radstand.

Der 1838 Euro II trat Mitte 1994 an die Nachfolge der Euro I-Version an. Außer einem dezenten Fahrerhausfacelift und einem nochmals 50 Millimeter kleinerem Lenkrad war es vor allem der Motor mit exakt gleicher Leistung, der den Unterschied ausmachte. Die Rufer in der Wüste, die dem guten alten 14,6 Liter-Motor nachtrauerten, hatten nicht umsonst Laut gegeben. Er war wieder da. Ausgerüstet mit einer Bosch-Hubschieberpumpe mit elektronischen Mengenregelung und einer geänderten Brennraumform in Verbindung mit Sechsloch-Einspritzdüsen und Ladeluftkühlung wurden die Abgasgrenzwerte nach Euro II unterschritten. Während die Leistung des OM 442 LA mit 381 PS identisch wie beim Vorgänger war, wies das Drehmoment mit 1850 Nm eine Steigerung von 20 Prozent bei einer 100 U/min geringeren Drehzahl auf. Im mittleren Drehzahlbereichen standen zwischen 20 und 40 PS mehr zur Verfügung, die sich in höhere Transportgeschwindigkeit bei niedrigerem Verbrauch umsetzen ließen. Mit dem 1838 Euro II hielt auch das Getriebe mit größerer Spreizung Einzug in die SK. Damit standen bei den kleinen Gängen kürzere Abstufungen bereit, während bei den oberen Gängen längere Gangbereiche möglich wurden. Die Produktpalette entsprach der des Vorgängers.

Der 1844 Euro I belebte im April 1991 wieder eine traditionelle Leistungsklasse, die einmal als Topmodell von sich reden gemacht hatte, jetzt allerdings nicht mehr als Flaggschiff, sondern als „Mittelschiff“ zwischen 1838 und 1850. 435 PS und 1900 Nm lieferte das Euro I-Triebwerk und lag damit im Hauptfahrbereich mehr Leistung an, obwohl der alte 44er auf vergleichbare 450 PS kam. Die Abkehr von der Tafelberg-Drehmomentkurve und die Wiederentdeckung der bei fallender Drehzahl steil ansteigenden Drehmomentkurve machte den Euro I 44er trotz längerer Achsübersetzung und reduzierter Nenndrehzahl zu einem angenehm zu fahrenden Truck. Daß der Verbrauch anstieg, lag an der späteren Zündung, die den Stickoxydausstoß reduzierte.

Mit einem „spät kommt es, aber es kommt doch“ wurde das auf Wunsch lieferbare Hochdach von den Truckern begrüßt, das auf das ausschließlich beim 1844 lieferbare Großraum-Fahrerhaus aufgesetzt wurde. Geliefert wurde der 1844 als Pritschenwagen mit einem Radstand, als Pritschenwagen mit Luftfederung mit zwei Radständen und als Sattelzugmaschinen mit und ohne Luftfederung mit zwei Radständen.

Der 1844 Euro II löste ab Mitte 1994 die Euro I-Version ab und verfügte dank Hochdruckeinspritzung von 1100 bar und Bosch-Hubschieberpumpe über dieselbe Leistung von 435 PS wie der Vorgänger Euro I, hatte dafür aber ein Drehmomennt von 2100 Nm und übertraf ihn darin um 10,5 Prozent. Dadurch standen im unteren und mittleren Drehzahlbereich bis zu 34 PS mehr Leistung zur Verfügung. Erfreulich war, daß das Verbrauchsniveau der Euro 0-Zeit wieder erreicht wurde. Neben diesen Änderungen im Motorbereich bekam der 1844 auch das Schaltgetriebe mit der größeren Spreizung.

Ansonsten wurde zwei Jahre vor dem Ende der Baureihen-Laufzeit noch einmal ein Facelift vorgenommen, das dem Gesicht durch breitere und weniger Querlamellen ein markanteres Aussehen gab. Innen wurde das neue Vierspeichen-Lenkrad auf einen Durchmesser von 450 Millimeter reduziert. Die Typenpalette entsprach der Euro I-Ausführung.

Der 1850 verkörperte im April 1991 bei seinem Erscheinen die Flaggschiff-Funktion im Mercedes-Benz Truckprogramm. Mit 501 PS und 2020 Nm konnte er dem Scania R 143 MA 500 in der Leistung Paroli bieten, mit dem Drehmoment lag er 110 Nm hinter dem Wikinger. Im täglichen Fahrbetrieb konnte der 1850 nicht die Souveränität und Gelassenheit des Scania bieten. Das lag nicht an den fehlenden 110 Nm, sondern an der damals in Untertürkheim beginnenden Marotte der zu langen Triebstrangauslegung, die bis heute anhält. Man glaubte, damit Sprit zu sparen. In der Theorie mag das stimmen, die Praxis zeigt ein anderes Bild.

Der 1633 der NG 80 mit GrOßraumfahrerhaus

Geliefert wurde der 1850 als Pritschenwagen mit und ohne Luftfederung mit einem Radstand, als Sattelzugmaschine mit und ohne Luftfederung mit zwei Radständen.

Der 1853 war Mitte 1994 der letzte Streich im SK-Programm. Für gerade mal zwei Jahre wurde auch das Topmodell auf Euro II-Abgasnorm gebracht. Dank der Hubschieberpumpe von Bosch konnten nicht nur die strengeren Euro II-Vorschriften mit einer von 0,36 auf 0,15 Gramm pro Kilowattstunde gesenkten Partikelemission und einer von acht auf sieben Gramm reduzierten Stickoxydemission realisiert werden, die Leistung stieg auch auf 530 PS und 2300 Nm.

Dank des neu eingeführten Getriebes mit größerer Gangstufen-Spreizung wurde die Fahrbarkeit beim Rangieren verbessert, im oberen Bereich wurden die Übesetzungen gegenüber dem Vorgänger nochmals länger. Dank der fülligen Drehmomentkurve konnte die Elastizität verbessert werden. Eine gegenüber dem Vorgänger um 50 Prozent reduzierte Schalthäufigkeit im Fernverkehr war die Folge. Äußerlich unterschied er sich vom Vorgänger durch breitere Lamellen im Grill, im Inneren durch ein Vierspeichen-Lenkrad mit nur noch 450 Millimeter Durchmesser. Die Variantenvielfalt entspricht der des 1850.

Die 20 Tonner der SK

Der 2026 S 6 x 2/4 wurde von Mai 1976 bis November 1980 mit zwei gelenkten vorderen Achsen gebaut. Die Sattelzugmaschine, daher das „S“ hinter den Typenziffern, wurde von dem 12,8 Liter-Motor OM 402 mit 256 PS und 833 Nm angetrieben. Bei ihm lag die zweite gelenkte Achse dicht vor der Hinterachse. Lieferbar waren innerhalb des Typs drei zulässige Gesamtgewichte mit 19, 20 und 22 Tonnen.

Der 2028 LS 6 x 2/4 wurde ab September 1980 mit zwei gelenkten vorderen Achen und luftgefederter Hinterachse hergestellt, die durch das L in der Typenbezeichnung gekennzeichnet war. Angetrieben wurde die Sattelzugmaschine von dem 14,6 Liter-V8-Motor OM 422 mit

280 PS und 1040 Nm. Zu bestellen waren innerhalb des Typs drei zulässige Gesamtgewichte von 19, 20 und 22 Tonnen.

Der 2028 6 x 6 wurde als Allradtyp mit drei Radständen geliefert.

Der 2032 S 6 x 2/4 wurde von August 1975 bis Juni 1983 als stärkste Sattelzugmaschine mit zwei gelenkten vorderen Achsen produziert. Er wurde von dem 16 Liter V-10-Motor OM 403 mit 320 PS und 1010 Nm beflügelt. Bei ihm lag die zweite gelenkte Achse dicht vor der Hinterachse.

Der 2033 LS 6 x 2/4 trat in der NG 80 ab September 1981 die Nachfolge des 2032 an und wurde von dem 14,6 Liter V8-Motor OM 422 A mit 330 PS und 1402 Nm angetrieben.

Der 2035 6 x 2/4 löste ab Juni 1986 mit seinem V8-Motor OM 442 A mit 354 PS und 1600 Nm den 2033 ab. Ihn gab es als Sattelzugmaschine mit und ohne Luftfederung.

Der 2036 6 x 2/4 war ab Dezember 1983 mit seinem 18,3 Liter-V10-Motor mit 355 PS und 1304 Nm die Zwischenlösung bis zum Erscheinen des 2035.

Die 22 Tonner der SK

Die 22 Tonner gab es als Pritschenwagen mit drei Achsen sowohl als 6 x 2 – das bedeutet mit hinterer Liftachse – als 6 x 4 mit zwei angetriebenen hinteren Achsen und als 6 x 2/4 – das bedeutete mit zwei lenkbaren vorderen Achsen und einer angetriebenen Hinterachse. Erstere finden besonders im Getränkehandel ein weites Einsatzfeld, während die Domäne der 6 x 4-Versionen eher der Baustoffhandel war. Die letzte Version fand große Akzeptanz im kommunalen Entsorgungsbereich aufgrund hoher Nutzlast durch die drei Achsen einerseits und die große Wendigkeit durch die zwei gelenkten Achsen auf der anderen Seite. Die Ablösung der Fahrzeuge der NG 73 durch die Modelle aus der NG 80 erfolgte mit einem gewissen Zeitversatz im Vergleich zu den Pritschenwagen und den Sattelzugmaschinen.

Der 2226 6 x 2 war ein Dreiachser der ersten Stunde und das kleinste Modell innerhalb der SK der Baureihe NG 73. Das Triebwerk war der 12,8 Liter-V8-Motor OM 402 mit 256 PS und 833 Nm. Geliefert wurden die Fahrzeuge mit und ihne luftgefederter Hinterachse und mit vier Radstände je nach Einsatzzweck. Gebaut wurd dieser 2226 von Juni 1975 bis Januar 1982.

Der 2226 6 x 4 verfügte über das gleiche Antriebsaggregat wie die 6 x 2-Version, unterschied sich aber durch die zwei angetriebenen Hinterachsen und wurde als Pritschenwagen mit zwei Radständen und als Sattelzugmaschine mit einem Radstand von Juni 1974 bis Dezember 1980 mit und ohne luftgefederter Hinterachse gebaut.

Der 2228 6 x 2 als kleinstes Modell innerhalb der SK der Baureihe NG 80 war der Nachfolger des 2226. Er wurde angetrieben von dem 14,6 Liter-V8-Motor OM 422 mit 280 PS und 1040 Nm. Es wurden fünf Radstände, ab Dezember 1979 zwei Radstände mit luftgefederter Hinterachse gebaut.

Der 2228 6 x 4 verfügte über das gleiche Antriebsaggregat wie die 6 x 2 Version. Er wurde ab Juli 1980 mit zwei Radständen und als Sattelzugmaschine mit einem Radstand ins Programm genommen.

Der 2232 6 x 2 war innerhalb der Baureihe NG 73 mit seinem 16 Liter-V10-Motor OM 403 mit 320 PS und 1010 Nm die stärkste Ausführung. Die Variantenbreite entsprach der des kleineren Bruders 2026. Der 2032 6 x 2 wurde von März 1974 bis Mai 1983 gebaut.

Der 2232 6 x 4 entsprach bis auf den größeren V 10-Motor dem 2226 und wurde von April 1974 bis April 1983 gebaut hergestellt.

Der 2233 6 x 2 war, angetrieben von dem 14,6 Liter V 8-Motor OM 422 A mit 330 PS und 1402 Nm, das zweitstärkste Modell der SK innerhalb der NG 80. Er wurde mit und ohne luftgefederter Hinterachse mit einem Radstand ab November 1980 geliefert.

Der 2233 6 x 4 war bis auf die zwei angetriebenen Hinterachsen mit der 6 x 2 Version identisch. Ihn gab es als Pritschenwagen und Sattelzugmaschine mit je einem Radstand.

Der 2235 6 x 2 löste mit seinem 14,6 Liter-V8-Motor OM 442 mit 354 PS und 1600 Nm ab September 1985 den entsprechenden 2233 ab, die L-Version mit luftgefederter Hinterachse wurde ab April 1986 ausgeliefert. Den Pritschenwagen gab es mit zwei Radständen, die Sattelzugmaschine und den Pritschenwagen mit luftgefederter Hinterachse mit je einem Radstand.

Der 2235 6 x 4 löste ab Februar 1986 den entsprechenden 2233 ab. Ihn konnte man als Pritschenwagen, Kipper und Sattelzugmaschine mit je einem unterschiedlichen Radstand bekommen.

Der 2236 6 x 2 war das Übergangsmodell bis zum Erscheinen des 2235. Sein V10-Motor OM 423 hat 355 PS und 1304 Nm. Zwei Radstände gab es beim Pritschenwagen zur Auswahl.

Der 2236 6 x 4 wurde als Sattelzugmaschine mit seinen zwei angetriebenen Hinterachsen bei den Staatsspeditionen des damaligen Ostblocks zum Verkaufshit. Einfacher technischer Aufbau und absolute Zuverlässigkeit hatten damals dort Vorrang vor niedrigerem Verbrauch, höherem Drehmoment und der Mehrleistung der Lader- und Intercooler-Motoren. Er wurde ab Mai 1984 gebaut.

1838
1838
S-LH 9854
L

Der 2238 6 x 2 war von März 1981 bis September 1985 das Flaggschiff bei den Dreiachsern. Mit seinem 14,6 Liter-Intercooler-V8-Motor OM 422 LA mit 375 PS und 1550 Nm dokumentierte er Spitzenmotorisierung. Geliefert wurde er, genauso wie ab März 1983 die Version mit luftgefederter Hinterachse, mit nur einem Radstand.
Der 2238 6 x 4 wurde ab Oktober 1979 nur als Sattelzugmaschine angeboten.
Der 2244 6 x 2 trat mit seinem 14,6 Liter-Intercooler-V8-Motor OM 442 LA mit 435 PS und 1765 Nm ab September 1985 mit luftgefederter Hinterachse und ab Januar 1986 mit parabelgefederter Hinterachse die Nachfolge des 2238 an. Beide gab es nur mit einem Radstand.
Der 2244 6 x 4 wurde ab Januar 1986 ausschließlich als Sattelzugmaschine geliefert.

Die 24 Tonner der SK

Mit der Vorstellung der geänderten Typen Mitte 1988 wurde im Zuge der Anhebung der zulässigen Gesamtgewichte aus den bisherigen 22 Tonnern jetzt 24 Tonner. In Verbindung mit der neuen Motorenpalette entstanden die folgenden neuen Typen:
Der 2429 6 x 2 hatte den 15 Liter großen V8-Saugmotor OM 442 mit 290 PS und 1100 Nm. Er wurde als Pritschenwagen mit vier Radständen, mit Luftfederung mit zwei Radständen gebaut.
Der 2429 6 x 2/4 gab es nur als Sattelzugmaschine mit und ohne Luftfederung, wobei beide einen unterschiedlichen Radstand hatten.
Der 2429 6 x 4 war als Pritschenwagen und als Kipper mit zwei unterschiedlichen Radständen und als Sattelzugmaschine mit einem Radstand erhältlich.
Der 2435 6 x 2 wurde von dem 14,6 Liter-V8-Motor OM 442 A mit 354 PS und 1600 Nm angetrieben. Als Pritschenwagen gab es ihn mit vier Radständen, als Pritschenwagen mit Luftfederung und als Kipper mit nur je einem unterschiedlichen Radstand.
Der 2435 6 x 2/4 wurde ausschließlich als Sattelzugmaschine mit und ohne Luftfederung mit je einem Radstand angeboten. Der 2435 6 x 4 wurde als Pritschenwagen und Sattelzugmaschine mit je einem Radstand und als Kipper mit zwei Radständen gebaut.
Der 2448 6 x 2 wurde dagegen von dem 14,6 Liter-V8-Motor OM 442 LA mit 480 PS und 2000 Nm auf Trab gebracht. Pritschenwagen gab es mit zwei Radständen, mit Luftfederung war nur eine Radstandvariante zu haben.

1838 Sattelzug der SK mit Euro II-Motor und Facelift ab Mitte 1994

Der 2448 6 x 2/4 war als luftgefederte Sattelzugmaschine die damals komfortabelste, sicherste und schnellste Art bei Mercedes-Benz, einen Sattelzug zu fahren.
Der 2448 6 x 4 war mit zwei angetriebenen Hinterachsen die Zugmaschine, die infrage kam, wenn vor allem hohe Zugkraft auf die Straße gebracht werden mußte.

Die 25 Tonner der SK

Der 2538 6 x 2 wurde anfangs mit zwei Radständen und später mit vier Radständen gebaut. Mit Luftfederung waren anfangs ebenfalls zwei Radstände lieferbar, was dann später auf drei Radstände erweitert wurden.
Den 2538 6 x 2/4 gab es als Sattelzugmaschine mit und ohne Luftfederung.
Der 2538 6 x 4 wurde als Pritschenwagen mit einem Radstand, als Kipper mit zwei Radständen und als Sattelzugmaschine mit und ohne Luftfederung mit einem Radstand gebaut.
Die vorstehend aufgeführten Typen des 2538 sind mit dem Euro I-Motor, dem 12,8 Liter-OM 402 LA mit 381 PS und 1775 Nm ausgerüstet.
Ab Mitte 1994 wurde gegen Mehrpreis der Euro II-Motor, der 14,6 Liter-OM 442 LA mit 381 PS und 1850 Nm, als Alternative angeboten. Dieser Motor hatte nicht nur ein besseres Drehmoment, sondern auch einen geringeren Verbrauch als der Euro I-Motor.
Der 2544 6 x 2 wurde generell nur mit dem Großraumfahrerhaus gebaut. Als Pritschenwagen gab es ihn mit und ohne Luftfederung zunächst mit einem, später mit zwei Radständen. Als Sattelzugmaschine existiert nur eine Ausführung.
Der 2544 6 x 4 wurde ebenfalls nur mit dem Großraumfahrerhaus und nur als Sattelzugmaschine gebaut.
Die Motorisierung bestand zunächst aus dem Motor OM 442 LA mit 435 PS und 1900 Nm, der Euro I-zertifiziert ist. Ab Mitte 1994 konnte gegen Aufpreis der schadstoffärmere Euro II-Motor mit ebenfalls 435 PS, aber 2100 Nm geliefert werden.
Der 2550 6 x 2 entspricht in der Gesamtauslegung dem 2544. Die Lieferungen setzten zeitlich versetzt nach dem 2544 ein. Ihn gab es als Pritschenwagen von Anfang an mit zwei Radständen mit und ohne Luftfederung.
Der 2550 6 x 4 wurde nur als Sattelzugmaschine ins Programm genommen.
Die Motorisierung bestand zunächst aus dem nach Euro I-zertifizierten Motor OM 442 LA mit 503 PS und 2020 Nm. Ab Mitte 1994 konnte gegen Aufpreis der weiter schadstoffreduzierte Euro II-Motor OM 442 LA mit 530 PS und 2300 Nm geliefert werden. Diese Typen erhielten die Bezeichnung 2553, entsprachen ansonsten den Typen 2550.

Die 26 Tonner der SK

Die 26 Tonner sind aufgrund des günstigen Nutzlastverhältnisses seit Beginn der SK im Jahr 1973 bis heute die Renner im Bereich der Dreiachser. Man findet sie in den Bereichen Bauwirtschaft, hier vornehmlich als Kipper in den Antriebsvarianten 6 x 4 und 6 x 6, als Betonmischer, bei Feuerwehren, Kommunalbetrieben, dem Militär und der Speditionen, hier als Sattelzugmaschine für schwere Spezialeinsätze. Aufgrund dieser über 23 Jahre andauernden Beliebtheit machten die 26 Tonner der „Schweren Klasse" auch sämtliche Entwicklungsschritte der SK zwischen 1973 bis 1996 durch. NG 73, NG 80, SK SK Euro I und SK Euro II sind die intern und auch nach außen bekannt gewordenen Kürzel einer langjährigen Entwicklung. Das betrifft sowohl die Motorenentwicklung, die über mehrere Stufen vom Saugmotor zum schadstoffarmen Intercooler mutierte, als auch das äußere Erscheinungsbild, das sich in moderaten Stufen weiterentwickelte.

Der 2626 6 x 4 gehörte zu den Premierendarstellern bei der Präsentation der „Neuen Generation" im Jahr 1973 und entwickelte sich mit 19776 gebauten Fahrzeugen zum Umsatzrenner diese Kategorie. Angetrieben wird er vom 12,8 Liter-V8 Motor OM 402 mit 256 PS und 833 Nm. Diese heute bescheiden wirkende Leistung war damals gutes Mittelmaß. Gebaut wurden je zwei Radstände für Pritschenwagen oder Sonderaufbauten und Kipper sowie ein Radstand für Sattelzugmaschinen und Betonmischer. Der 2626 6 x 4 wurde zwischen August 1973 und November 1981 produziert.

Der 2626 6 x 6 war als allradgetriebenes Fahrzeug für schweres Gelände prädestiniert. Die Motorbestückung ensprach der 6 x 4 Version. Es gab den 6 x 6 als Fahrgestell für Pritschenwagen oder Sonderaufbauten, als Kipper, Sattelzugmaschine und Betonmischer-Fahrgestell. Der 2626 6 x 6 wurde von August 1973 bis Mai 1983 gebaut und überlappte sich in der Produktionszeit mit dem ab Dezember 1979 gebauten Nachfolger 2628 6 x 6.

Der 2628 6 x 4 ist als Fahrzeug der NG 80 mit seinem 14,6 Liter-V8-Saugmotor OM 422 mit 280 PS und 1040 Nm der Nachfolger des erfolgreichen 2626. Viel mehr als die 20 PS Mehrleistung zählt beim 2628 das erheblich höhere Drehmoment gegenüber dem Vorgänger. Gebaut wurden ab Oktober 1980 je zwei Radstände für Pritschenwagen und Kipper sowie ein Radstand für Sattelzugmaschinen und Betonmischer-Fahrgestelle.

Der 2628 6 x 6 war der „Geländewagen" unter den 280 PS-Dreiachsern. Geliefert wurde ab Dezember 1979 ein Radstand für Pritschenwagen, die mit Einzelbereifung bei ausländischen Armeen zahlreiche Abnehmer fanden, zwei Radstände für Kipper und ein Radstand für Sattelzugmaschinen.

Der 2629 6 x 4 fungierte ab Mitte 1988 als Nachfolger des 2628. Der V8-Saugmotor OM 442 hat 15,1 Liter Hubraum mit 290 PS und 1100 Nm. Als letzter Saugmotor in der SK wurde er schließlich von den im April 1991 aufgrund der nach Abgasgrenzwerte Euro I vorgestellten Intercooler-Motoren allmählich abgelöst. Auf der Getriebeseite lösten die neue Box mit Aluminium-Gehäuse aus eigener Fertigung und die EPS-Schaltung das bisher von ZF bezogene Aggregat ab. Äußerlich erkannte man die ab Mitte 1988 vorgestellten Lastwagen an der nach vorne abfallenden Fensterlinie in den Seitentüren. Geliefert wurde der Pritschenwagen und Kipper mit je zwei Radständen sowie die Sattelzugmaschine und der Betonmischer mit einem Radstand.

Der 2629 6 x 6 entsprach bis auf den Allradantrieb der 6 x 4 Version. Ihn gab es als Pritschenwagen und Kipper mit je zwei Radständen und als Sattelzugmaschine mit einem Radstand.

Der 2631 6 x 4 war Nachfolger des 2629, er unterschied sich aber von diesem durch den Motor. War dies beim Vorgänger der gute alte V8-Saugmotor, so waren seine Tage dank der Schadstoffreduzierungen nach Euro I gezählt. So kam der V6-Motor OM 401 LA mit 313 PS und 1340 Nm, der im April 1991 vorgestellt wurde, auch im 2631 zum Einbau.

Ab Mitte 1994 wurde gegen Aufpreis die Euro II-Version des 2631 lieferbar, die aber bei gleicher Leistung über einen anderen Motor verfügt. Der Euro II-Motor war der 11 Liter-V6-Intercooler OM 441 LA mit 331 PS und 1450 Nm.

Der 2631 6 x 4 wurde als Pritschenwagen und Kipper mit je zwei Radständen, als Sattelzugmaschine und Betonmischer-Fahrgestell mit je einem Radstand geliefert. Die Produktion lief mit dem Erscheinen des Actros allmählich aus.

Der 2631 6 x 6 war von der Motorisierung identisch mit den 6 x 4 Versionen. Als Pritschenwagen und Sattelzugmaschine wurde je ein Radstand, als Kipper gab es zwei Radstände geliefert.

Der 2632 6 x 4 war 1973 mit seinem V10-Motor OM 403 mit 320 PS und 1010 Nm der stärkste Debütant bei der Vorstellung der neuen Lastwagengeneration. Die robusten Fahrzeuge erfreuten sich großer Beliebtheit und überlappten sich in der Produktionszeit drei Jahre mit ihrem Nachfolger. Gebaut wurden Fahrgestelle für Pritschenwagen und Sonderaufbauten mit zwei Radständen sowie Kipper mit drei Radständen und Sattelzugmaschinen mit einem Radstand.

Der 2632 6 x 6 entsprach dem 280 PS-Fahrzeug bis auf den stärkeren V10-Motor. Abweichend von dem 2628 ist der 2632 als Kipper mit drei Radständen gebaut worden.
Der 2633 6 x 4 war als zweitstärkstes Fahrzeug der NG 80 einer der beiden Nachfolger des 2632. Mit seinem 14,6 Liter-V8-Ladermotor OM 422 A mit 330 PS und 1402 Nm übetraf er den Vorgänger zwar nur um 10 PS, wies aber mit seinem 40 Prozent höheren Drehmoment eine erheblich größere Zugkraft auf. Darüber hinaus erlaubten die 16 Gangstufen seines Getriebes eine erheblich bessere Anpassung an das Gelände als die acht Gänge plus Kriechgang des Vorgängers. Es gab den 2633 6 x 4 als Pritschenwagen und Sattelschlepper mit je einem Radstand.
Der 2635 6 x 4 ersetzte ab 1985 mit seinem 14,6 Liter-V8-Motor OM 442 A mit 354 PS und 1600 Nm allmählich sowohl den 2433 als auch den 2436. Es gab den 2635 als Pritschenwagen und Sattelzugmaschine mit je einem Radstand. In den Staatsspeditionen des Ostblocks war die Sattelzugmaschine ein beliebtes Fahrzeug.
Der 2635 6 x 6 entsprach in etwa dem 6 x 4, wies aber als Programm-Erweiterung gegenüber diesem noch einen Kipper mit zwei Radständen auf.
Der 2636 6 x 4 war mit seinem riesigen 18,3 Liter-V10-Saugmotor OM 423 mit 355 PS und 1304 Nm der zweite Nachfolger des 2632. Zunächst schwerpunktmäßig für den Export nach Italien gedacht, eroberte er sich schnell auch die Gunst einheimischer Kunden. Im rauhen Baustellenbetrieb gab es offensichtlich Vorbehalte gegenüber den parallel angebotenen Turbomotoren, die ein größeres Drehmoment und einen niedrigeren Verbrauch hatten. Den großvolumigen V10-Motor kannte man im Prinzip, nur, daß er jetzt mit der Überarbeitung noch einmal 2,3 Liter mehr Hubraum eingeschenkt bekommen hatte. Und mit solch einer Kraft aus riesigem Hubraum, der kurz über der Leerlaufdrehzahl abrufbar ist, hatten es im Baustelleneinsatz auch Turbomotoren schwer, zu konkurrieren.

Der 2644 6 x 4 als robuster Zugpartner auf und neben den Asphaltstraßen

Den ab März 1981 gebauten 2636 6 x 4 zeichnete nicht technische Brillanz, dafür aber eine ungeheuere Robustheit aus. Dieses Ansehen bescherte ihm ab Baubeginn im März 1981 höhere Stückzahlen als dem Turbokonkurrenten im eigenen Hause, dem 2633. Ihn gab es als Pritschenwagen und Kipper mit je zwei Radständen und als Sattelzugmaschine mit einem Radstand.
Der 2636 6 x 6 war ab Dezember 1980 der einzige Nachfolger des erfolgreichen 2632 6 x 6, der ansonsten dem 6 x 4 entsprach. Es gab Pritschenwagen und Sattelzugmaschinen mit je einem Radstand und Kipper mit zwei Radständen.
Der 2638 6 x 4 wurde ab Februar 1981 ausschließlich als Sattelzugmaschine mit Großraumfahrerhaus geliefert und ab 1985 allmählich durch den 2644 ersetzt. Angetrieben wurde er von dem 14,6 Liter V-8-Motor OM 422 LA mit 375 PS und 1550 Nm.
Der 2638 6 x 4 hatte mit dem Flaggschiff gleichen Namens aus dem Jahr 1981 außer der Typenbezeichnung nichts gemein. Er wurde als Pritschenwagenfahrgestell und Sattelzugmaschine mit je einem Radstand gefertigt. Die Sattelzugmaschine war auch mit dem Großraumfahrerhaus lieferbar. Für den Kipper gab es zwei Radstände.
Im April 1991 wurden die schadstoffarmen Motoren nach Euro I vorgestellt. Darunter war auch der 12,8 Liter-V8-Motor OM 402 LA mit 381 PS und 1775 Nm, der den 2638 antreibt.
Ab Mitte 1994 wurde gegen Aufpreis die Euro II-Version des 2638 angeboten. Sie verfügte allerdings über einen anderen Motor, den 14,6 Liter-V8-Motor OM 442 LA mit 380 PS und 1850 Nm.
Der 2638 6 x 6 ist von der Motorisierung her identisch mit den 6 x 4 Versionen. Zu haben war er als Pritschenwagenfahrgestell und Sattelzugmaschine mit je einem Fahrgestell, als Kipper mit zwei Fahrgestellen.
Der 2644 6 x 4 vom September 1985 unterschied sich vom Vorgänger 2638 durch den 14,6 Liter-Motor OM 442 LA mit 435 PS und 1735 Nm sowie das neu eingeführte EPS-Schaltsystem des verstärkten ZF-Ecosplit-Getriebes. Er löste ab Herbst 1985 schrittweise den 2638 ab.
Der 2644 6 x 4, wie er ab April 1991 vorgestellt wurde, hatte mit dem namensgleichen Typ aus dem Jahr 1985 fast keine Gemeinsamkeiten. Aber beide hatten den 14,6 Liter-V8-Motor OM 442 LA, der zwar mit 435 PS gleich stark, dem Vorgänger aber mit einem Drehmoment von 1900 Nm überlegen war. Der deutlichste Unterschied bestand in den schadstoffreduzierten Emissionen nach Euro I.
Ab Mitte 1994 wurden Motoren gegen Aufpreis geliefert, die die erneut verschärften Abgaswerte nach Euro II erfüllten. Bei gleicher Leistung stieg das Drehmoment erneut auf 2100 Nm.
Der 2648 6 x 4 löste Mitte 1988 nach knapp drei Jahren Bauzeit den 2644 ab. Der 14,6 Liter-V8-Motor OM 442 LA hatte 480 PS und 2000 Nm. Neu war ebenfalls das Daimler-Benz-eigene Schaltgetriebe mit Aluminiumgehäuse, das eine Gewichtsersparnis von 100 Kilogramm brachte.
Der 2650 6 x 4 löste ab April 1991 mit seinem Euro I-Triebwerk den 2648 ab. Die Sattelzugmaschinen mit Großraumfahrerhaus wurde von dem 14,6 Liter-V-8-Motor OM 442 LA mit 503 PS und 2020 Nm angetrieben.
Der 2653 entsprach dem 2650 und unterschied sich von diesem nur durch den ab Mitte 1994 gegen Aufpreis lieferbaren Motor OM 442 LA mit 530 PS und 2300 Nm, der die Abgasvorschriften nach Euro II erfüllte.

Die 30 Tonner der SK

In der Klasse der 30 Tonner begann die Daseinsberechtigung der Vierachser. Sie gab es in unterschiedlichen Antriebskonfigurationen. Ein 8 x 8/4 bezeichnetes Fahrzeug verfügte über acht angetriebene Räder = vier Achsen, und vier lenkbare Räder = zwei Achsen.
Ein 8 x 4/4 bezeichnetes Fahrzeug besaß acht Räder, von denen vier angetrieben sind, und vier lenkbare Räder.
Ein 8 x 6/4 bezeichnetes Fahrzeug hatte acht Räder, von denen sechs angetrieben sind, dazu vier lenkbare Räder.
Der 3025 8 x4/4 wurde, als vierachsiges Solofahrzeug nicht gerade üppig motorisiert, von dem in seiner Leistung reduzierten 14,6 Liter-V8-Saugmotor OM 422 mit 250 PS und 932 Nm angetrieben. Gebaut wurden zwischen Oktober 1985 und Ende 1986 Kipper und Betonmischer mit einem Radstand.
Der 3028 8 x 4/4 wurde parallel zu dem vorgenannten Modell von dem Standardmotor jener Jahre, dem V8-Saugmotor OM 422 mit 280 PS und 1040 Nm, angetrieben. Produziert wurden ab Oktober 1985 Betonmischerfahrgestelle mit zwei Radständen und Kipper mit einem Radstand.
Der 3050/3053 6 x 4 war als Schwerlastzugmaschine mit separat montiertem großen Kühler für Fahrten mit niedrigsten Geschwindigkeiten ausgerüstet und mit zwei Radständen lieferbar. Das gleiche galt für die Motorisierung. Alternativ gab es ab April 1991 Zugmaschinen mit dem Euro I-Motor mit 503 PS und 2020 Nm oder gegen Aufpreis ab Mitte 1994 den Euro II-Motor mit 530 PS und 2300 Nm.

Die 32 Tonner der SK

Der 3228 8 x 4/4 wurde von dem 14,6 Liter-V8-Saugmotor OM 422 mit 280 PS und 1040 Nm angetrieben und 1989 als Betonmischer mit einem Radstand und als Kipper mit drei Radständen gebaut.

Der 3229 8 x 4/4 als Nachfolgemodell verfügte ab 1991 über den 15,1 Liter-V8-Saugmotor OM 442 mit 290 PS und 1100 Nm. Das Pritschenwagen-Fahrgestell, Betonmischer und Kipper gab es mit einem einzigen Radstand.

Der 3233 8 x 4/4 lief parallel zum 3229, hatte aber im Gegensatz zu diesem den nur 11 Liter großen Intercooler-V6-Motor, der dafür 340 PS und 1450 Nm leistete. Von der Typenbezeichnung her war er eine Mogelpackung und müßte eigentlich 3234 heißen, wie dieses Baumuster dann ab 1994 auch genannt wurde. Es gab ihn als Betonmischer und Kipper mit einem Radstand.

Der 3234 8 x 4/4 entsprach als Baumuster dem 3233. Mit der Typenumbenennung ab 1994 ging auch eine Produkterweiterung einher. Die Kipper gab es nun mit zwei Radständen, den Betonmischer mit einem Radstand.

Bei der Motorisierung stand der 11 Liter-Intercooler-V6-Motor OM 441 LA mit 340 PS und 1450 Nm in der Euro I-Version als Standardtriebwerk zur Verfügung. Gegen Aufpreis wurde das gleiche Triebwerk in der Euro II-Auslegung mit der gleichen PS-Zahl, aber mit einem erhöhten Drehmoment von 1600 Nm geliefert.

Der 3235 8 x 4/4 war ab Mitte 1988 bis zur Ablösung durch die Euro I-Triebwerke, die im April 1991 vorgestellt wurden und dann allmählich in die Produktion einflossen, ein wichtiger Eckpfeiler in der Vierachser-Produktion. Angetrieben von dem 14,6 Liter-V8-Motor OM 442 A mit 366 PS und 1619 Nm, gab es ihn als Pritschenwagen mit zwei Radständen. Dieser Typ wurde schrittweise durch den 3238 ersetzt.

Der 3236 6 x 6 war mit seinem 18,3 Liter-Saugmotor OM 423 mit 355 PS und 1304 Nm für schwere Einsätze vorgesehen, wofür auch der Einsatz der Wandler-Schaltkupplung spricht. Überlebt hat sich dieser Typ durch das Vordringen der drehmomentstarken Intercooler-Motoren.

Der 3238 8 x 4/4 wurde mit der Vorstellung der schadstoffarmen Euro I-Motoren im April 1991 als Pritschenwagen mit drei Radständen angeboten. Der LEV Motor nach Euro I war der 12,8 Liter-Intercooler-V8-Motor OM 402 LA mit 381 PS und 1700 Nm. Die Klagen über zu wenig Power bei niedrigen Drehzahlen, die im Baustelleneinsatz gang und gäbe sind, führte im Zuge der Überarbeitung der Triebwerke nach Euro II zur Reaktivierung

Für schwere Lasten gebaut – der 3850 6 x 6 im Einsatz

des guten alten 14,6 Liter-V8-Motors auch für die 380 PS-Klasse. Ab Mitte 1994 wurde gegen Aufpreis der OM 442 LA mit derselben PS-Zahl wie der 12,8-Liter-Motor OM 402 LA angeboten. Im Gegensatz zum 12,8 Liter mit 1775 Nm verfügte der 14,6 Liter-Motor über ein Drehmomentmaximum von 1850 Nm bei einer um 100 U/min geringeren Drehzahl. In schwierigem Gelände war dies dafür entscheidend, ob man abgeschleppt werden mußte oder durchkam.

Der 3244 8 x 4/4 war ein Automobil, das Anfang 1995, für die letzten Jahre bis zum Erscheinen der Actros-Baufahrzeuge im September 1997, still und leise in die Produktion einfloß. Die Basis bildete der 3238. Der Unterschied bestand in dem nach Euro II schadstoffarmen 14,6 Liter-Intercooler-V8-Motor OM 442 LA mit nochmals mehr Leistung von jetzt 435 PS und 2100 Nm.

Der 3250 6 x 6 war eine Schwerlastzugmaschine, die ab Juli 1986 in kleinen Stückzahlen bei NAW in der Schweiz gebaut und bis 1992 angeboten wurde. Sie war aus dem noch schwereren Kaliber 3850 abgeleitet. Als Antrieb diente der 18,3 Liter-Intercooler-V10-Motor OM 423 LA mit 500 PS und 2000 Nm. Um das Anfahren mit schwerster Last zu erleichtern, verfügte das Getriebe über eine Wandler-Schaltkupplung.

Die 33 Tonner der SK

Der 3336 8 x 6/4 war eine wenig bekannte Spezialausführung Ende der 80er Jahre, bei der neben den beiden angetriebenen Hinterachsen noch zusätzlich die erste Vorderachse angetrieben wurde. Diese Konfiguration war in schwerem Gelände ungünstig. Verlor die erste Achse aufgrund von Bodenwellen den Bodenkontakt, dann fand im Bereich des Vorderwagens kein Vortrieb mehr statt. Deshalb hatte sich diese Antriebszuordnung nur in kleinen Stückzahlen in Feuerwehrfahrzeugen durchgesetzt, bei denen es eher auf Kraftübertragung auf Straßen und nicht so sehr auf harten Off-Road-Einsatz ankam. Triebwerk war der V10-Saugmotor OM 423 mit 355 PS und 1305 Nm.

Die 35 Tonner der SK

Der 3528 8 x 4/4 wurde von dem 14,6 Liter-V8-Saugmotor mit 280 PS und 1040 Nm angetrieben. Nicht gerade üppig motorisiert, wurde dieser 35 Tonner ab 1987 als Kipper mit zwei Radständen und als Betonmischer mit einem Radstand geliefert.

Der 3535 8 x 4/4 wurde von dem 14,6 Liter-V8-Motor OM 442 A mit 366 PS und 1619 Nm beflügelt. Es gab ihn als Kipper mit zwei Radständen und als Betonmischer mit einem Radstand. Er wurde von 1987 bis 1992 gebaut.

Der 3535 8 x 8/4 entsprach motorseitig dem vorgenannten Typ, unterschied sich aber von diesem durch den Allradantrieb. Es gibt ihn als Kipper mit einem Radstand.

Der 3538 8 x 4/4 erschien 1991 zunächst mit einem Radstand als Kipper auf dem Markt. Ab 1994 wurde die Palette bei den Kippern auf zwei Radstände ausgedehnt und um ein Betonmischer-Fahrgestell mit einem Radstand erweitert.

Die Motorisierung bestand zunächst aus dem 12,8 Liter-Intercooler-V8-Motor OM 402 LA mit 381 PS und zunächst 1700 Nm und später 1775 Nm, der auch die Abgasgrenzwerte nach Euro I erfüllte. Ab Mitte 1994 wurde gegen Aufpreis der 14,6 Liter-V8-Motor OM 442 LA mit 381 PS und 1859 Nm angeboten.

Der 3538 8 x 6/4 erschien 1994 als Kipper mit zwei Radständen und entsprach bis auf die erste angetrieben Vorderachse dem 3538 8 x 4/4.

Den 3538 8 x 8/4 gab es ab 1994 mit nur einem Radstand. Die Antriebspalette entsprach der des 3538 8 x 4/4.

Der 3544 8 x 4/4 war die Antwort auf die Anforderungen des Marktes nach starken Motoren im Baustelleneinsatz. So ist es zu verstehen, daß, relativ kurz vor der Ablösung durch den Actros im September 1997, im Jahr 1995 der 435 PS-Motor OM 442 LA mit 2100 Nm noch in die 35 Tonner eingebaut wurde. Es gab ihn als Kipper mit zwei Radständen und als Betonmischer-Fahrgestell mit einem Radstand.

Der 3544 8 x 6/4 erschien 1994 als Kipper mit lediglich einem Radstand. Die Motorisierung entsprach dem 8 x 4/4.

Den 3544 8 x 8/4 gab es ab 1994 mit einem Radstand. Die Antriebspalette entsprach der des 3544 8 x 4/4.

Der 3548 8 x 4/4 stand seit 1991 als Schwerlastzugmaschine mit zwei Radständen in der Preisliste. Sie war ausschließlich mit dem Großraumfahrerhaus ausgerüstet. Die zweite lenkbare Achse war zur besseren Achslastverteilung dicht an die vordere der beiden Antriebsachsen herangesetzt worden. Das Antriebspaket bestand aus dem 14,6 Liter-Intercooler-V8-Motor OM 442 LA mit 492 PS und 2020 Nm und einer Wandler-Schaltkupplung vor dem Getriebe mit 16 Gängen.

Der 3550/3553 8 x 4/4 löste 1994 das beschriebene Modell ab und unterschied sich von diesem vor allem durch den nach Euro I schadstoffarmen Motor OM 442 LA mit 503 PS und 2200 Nm oder den gegen Aufpreis lieferbaren Motor mit 530 PS und 2300 Nm, der die schärferen Euro II-Abgaskriterien erfüllte.

38 Tonner der SK

Der 3850 6 x 6 war im Juni 1984 bei Daimler-Benz der erste serienmäßige Ausflug in die Region von 500 PS und

2000 Nm. Erreicht wurden sie von dem 18,3 Liter-Intercooler-V10-Motor OM 423 LA. Mit seiner Wandler-Schaltkupplung vor dem 16 stufigen Schaltgetriebe hatte er die richtigen Voraussetzungen für den Einsatz als Schwertransportzugmaschine. Auf Wunsch wurde auch ein Allison-Fünfgang-Automatikgetriebe geliefert, dann mußte allerdings das Lastzuggewicht von 220 Tonnen auf 110 Tonnen beschränkt werden. Ein Auslöser für den Bau dieser Zugmaschine waren militärische Anforderungen zum Transport von Panzern.

40 Tonner der SK

Der 4025 8 x 8 war ein 1986 gerade acht Mal gebautes Fahrzeug, das über den auf 250 PS reduzierten OM 422 verfügte.

Der 4050 8 x 8/4 war mit seinen acht angetriebenen Rädern und seinen beiden lenkbaren Vorderachsen ein 1987 für den Transport von Ölbohrgeräten bestimmter Gigant, der auf der Zugmaschine 3850 6 x 6 aufbaute. Aufgrund seiner riesigen Dimensionen wirkt das sonst mächtig aussehende Großraumfahrerhaus hier wie eine bescheidene Hütte. Es war zwar stets ein Gerücht, daß der Fahrer dieses Monsters schwindelfrei sein müsse. Aber Angst vor großen Höhen sollte man beim Erklimmen des Fahrerhauses nicht haben. Angetrieben wurde er von dem 18,3 Liter-Intercooler-V10-Motor OM 423 mit 500 PS und 2000 Nm. Das 16stufige Schaltgetriebe verfügte über eine Wandler-Schaltkupplung. Den 4050 gab es mit zwei verschiedenen Radständen (4550 und 6500 Millimeter).

Der 48 Tonner der SK

Der 4850 8 x 8/4 aus demselben Zeitraum toppte den 4050 durch sein nochmal um acht Tonnen höheres Gesamtgewicht, das ein Lastzuggewicht von 200 Tonnen zuließ. Triebwerk war auch hier der 18,3 Liter-Intercooler-V10-Motor OM 423 LA mit 500 PS und 2000 Nm. Das 16stufige Schaltgetriebe verfügte über eine Wandler-Schaltkupplung.

Actros

Das fast zu lange Festhalten an der gewiß nicht schlechten, aber deutlich in die Jahre gekommenen SK hatte zu einem rapiden Verlust von Marktanteilen auf dem deutschen und europäischen Markt geführt. Dieser war europaweit in der schweren Klasse ab 16 Tonnen von 26 Prozent im Jahr 1993 auf 18,8 Prozent im Jahr 1996 gefallen. Das zeigte überdeutlich, wie dringend das Erscheinen des Actros war. Im darauffolgenden Jahr erholte sich der Marktanteil wieder auf 21,2 Prozent.

Am 4. August 1999 lief im Werk Wörth der 100 000. Actros vom Band. In Deutschland liegt sein Marktanteil derzeit bei 38 Prozent. Wie sehr man bei Vorstellung des Actros unter Zeitdruck geraten war, zeigte, daß man die Entwicklung der sparsameren Hypoidachse und des Direktganggetriebes nicht mehr abwarten konnte und deshalb zunächst mit der haltbaren aber auch verbrauchsintensiveren APL-Achse in Serie gehen mußte. Dies gilt auch für das Direktganggetriebe, das für die Lastwagen mit V6-Motor erst später zum Einsatz kam.

Entgegen der bei dem Vorgänger SK oft vollmundig vorgetragenen Ankündigungen, daß es sich bei den mehr oder weniger umfangreichen Modifikationen der Zwischenstufen um Neukonstruktionen gehandelt haben soll, ist der Actros nun tatsächlich eine völlige Neukonstruktion. Motoren, Bremsen, elektronische Vernetzung von Motor, Getriebe und Bremsfunktionen, Rahmen, Fahrerhäuser, Hinterachsen, Wartungsintervalle von 100 000 Kilometern – „alles neu macht der Mai" ist der Betrachter geneigt gemäß einem alten Sprichwort zu konstatieren. 1,8 Milliarden DM ließ sich Mercedes-Benz die Actros-Entwicklung kosten. Im Vordergrund stand gleichberechtigt mit den technischen Innovationen eine rationellere Fertigung als beim Vorgänger. Ausgeklügelte Baukastensysteme machen es möglich, daß es beispielsweise anstelle von früher 100 Auspuffanlagen, 280 Kraftstofftanks und 59 Federn beim Actros jeweils nur noch zwölf verschiedenen Auspuffanlagen, Tanks oder Federn gibt.

Bei den Motoren wurde das Grundkonzept der Vorgänger mit den V6- und V8-Motoren beibehalten. 940 Kilogramm wiegt der V6-Motor OM 501 und 1250 Kilogramm der V8-Motor OM 502. Zunächst wurde der Zylinderhubraum von 1,83 Liter Hubraum auf nahezu glatte 2 Liter erhöht. Gelungen ist das durch die Vergrößerung der Bohrung um zwei Millimeter von 128 auf 130 Millimeter und die Verlängerung des Hubs um 18 Millimeter von 142 auf 150 Millimeter.

Um den Anforderungen der Zukunft – als da sind: hohe Leistung und Drehmoment, niedrige Schadstoffemissionen, hier speziell die Stickoxide, geringe Verbräuche und verlängerte Wartungsintervalle – gerecht zu werden, war vor allem eine völlig neue Brennraumgestaltung, die eine drastische Erhöhung des Mitteldrucks möglich machte, dringend vonnöten. Vier Ventile und eine in der Mitte wie eine Zündkerze bei einem vierventiligen Otto-Hochleistungsmotor plazierte Einspritzdüse kennzeichnen den Verbrennungsraum.

Um Bauhöhe zu sparen, wird in Zusammenarbeit mit Temic, die für die Programmierung der elektromischen

ACTROS
S NK 106

ACTROS
ACTROS
S NK 946
KÖGEL

Steuerung zuständig ist, und der Diesel Technology Company DTC, ein entwickeltes Steckpumpensystem eingebaut. Über die elektronische Steuerung wird dann das Kennfeld der einzelnen Leistungsstufen geregelt. Über eine hoch gelegte Nockenwelle wird jede Steckpumpe pro Zylinder mit Kraftstoff versorgt, die dann 1100 bis 1800 bar Druck aufbaut und über die senkrecht zwischen den vier Ventilen plazierte Einspritzdüse den Kraftstoff dann möglichst spät einspritzt. Das von den Konkurrenten Volvo und Cummins benutzte Pumpe-Düse-System schied wegen der zu großen Bauhöhe aus. Die schnelle Verbrennung reduziert die Spitzendrücke und somit die Emission der Stickoxide, hebt aber den Mitteldruck und somit auch das Drehmoment erheblich an. Beim stärksten V6-Motor mit 428 PS beträgt der Mitteldruck 21 bar, beim stärksten V8-Motor mit 571 PS sind es sogar 21,3 bar. Diese Werte wurden bis dahin bei Mercedes-Benz nicht erreicht.

Wie beim Vorgänger wurde die Grundstruktur der Motorenbaureihe mit V6 und V8-Motoren beibehalten. Im Unterschied zum Vorgänger liegt die Leistungsabstufungen bei den V6-Motoren OM 501 LA bei 313 PS und 1530 Nm, 354 PS und 1730 Nm, 394 PS und 1850 Nm und reicht bis zu 428 PS und 2000 Nm. Dadurch decken heute V-6-Motoren Schwerpunktbereiche ab, die bei der SK noch der schwereren V8-Fraktion vorbehalten waren.

Selbstverständlich haben die V6-Motoren zur besseren Laufkultur einen gleichmäßigen Zündabstand von 120 Grad Kurbelwellenwinkel. Aber den hatte die Vorgängerbaureihe OM 441 ja auch schon. Der OM 501 LA ist heute der Standardmotor der Actros-Reihe.

Die V8-Motoren OM 502 LA weisen drei Leistungsstufen auf, die beginnend bei 476 PS und 2300 Nm über 530 PS und 2400 Nm bis zu 571 PS und 2700 Nm reichen.

So glatt und konsequent die Erneuerung auf dem Motorensektor stattfand, so inkonsequent stellt sie sich auf dem Sektor des Antriebsstrangs mit Getriebe und Hinterachsen dar. Hier hatte man sich wohl verspätet zum Umdenken entschlossen und war zur Actros Präsentation nicht rechtzeitig fertig geworden. So kam es, daß bei den Getrieben für die Sechszylinder bis Ende 1997 das Aggregat G 210 mit einem mit 0,83 ins Schnelle übersetzten 16. Gang eingebaut wurde. Ab diesem Zeitpunkt wurde es dann allmählich durch das überarbeitete

Der Actros 1835 mit aerodynamisch opzimiertem Kögel-Auflieger

Getriebe G 211 mit einem direkten 16. Gang abgelöst, das sich eben wegen des besseren Wirkungsgrades in geringerem Verbrauch bemerkbar macht.

Nicht so einfach stellt sich das Thema bei den drehmomentstärkeren Achtzylindern dar. Für die Typen mit dem 476 PS- und 530 PS-Motor steht das Getriebe G 240 mit zwei ins Schnelle übersetzten letzten Schaltstufen bereit. Beim Flaggschiff mit dem 571 PS-Motor kommt das verstärkte Getriebe G 260 zum Einbau. Zur Schonung sämtlicher Kraftübertragungsteile sind hier sogar die letzten drei Gänge ins Schnelle übersetzt worden. Den schlechteren Wirkungsgrad nimmt man in Untertürkheim in Kauf.

Eine Besonderheit und bis heute unübertroffen ist die EAS genannte Schaltautomatik in Verbindung mit dem mechanischen Schaltgetriebe. Sie ermöglicht wie bisher das Fahren mit manueller Betätigung oder mit Automatik. Aufgrund der engen Vernetzung über den CAN-Datenbus wird, ohne Kupplungsbetätigung durch den Fahrer, durch reines Gasgeben angefahren. Das Schalten erfolgt dann automatisch.

Der Witz des EAS besteht darin, daß die elektronische Schaltlogik, sie wird Telligent Schaltautomatik genannt, aufgrund der über den CAN-Datenbus zur Verfügung gestellten Daten erkennnen kann, ob das Fahrzeug leer, teil- oder vollbeladen ist, ob es gerade bergauf oder bergab fährt und welchen Grad die Steigung oder das Gefälle gerade hat. Der Clou ist, daß die automatisierte Kupplung erkennt, ob es sich bei dem jeweiligen Zustand um einen gewöhnlichen Fahrbetrieb oder um Rangierbetrieb, z.B. beim Ankuppeln oder Aufsatteln, handelt. Beim EAS erfolgt die Drehzahlanpassung durch automatisches Zwischengasgeben.

Bei den Baufahrzeugen bleibt es in der Serie bei der mechanischen, beim Actros allerdings hydraulisch betätigten Doppel-H-Schaltung. Das EPS gibt es gegen Aufpreis, wobei bei eingeschalteten Längssperren die Schaltgeschwindigkeit des EPS erhöht wird.

In einem besonderen Dilemma steckten die Untertürkheimer bei den Hinterachsen. Im Grunde sind die seit Anfang der 70er Jahre eingebauten APL-Achsen als bewährte und robuste Aggregate unersetzbar. Sie überschreiten nicht selten erheblich die Laufzeit des Fahrzeugs, in dem sie eingebaut sind. Gerade im harten Baustelleneinsatz gibt es für

Der Actros 1835 im Baustelleneinsatz

sie, aufgrund ihrer Robustheit und der größeren Bodenfreiheit des systembedingt kleinen Differentialgehäuses, keine Alternative. Sie haben nur den einen gravierenden Nachteil, daß sie wegen der vielen Zahnradverbindungen im Planetenteil einen schlechteren Wirkungsgrad als eine Hypoidachse haben und somit einen höheren Kraftstoffverbrauch verursachen.
Seit Ende 1997 wird nun die Hypoidachse HL 8 in alle Fernverkehrsfahrzeuge bis 530 PS Motorleistung eingebaut. Die APL-Achse ist nach wie vor auf Wunsch zu haben, bei den Baufahrzeugen gehört sie zur Serienausstattung. Dies gilt auch für Lastwagen, die mit dem 571 PS Motor ausgerüstet sind.
Was mit der Achsenkonstruktion nichts zu tun hat, ist die seit Jahren von Mercedes-Benz praktizierte Lösung zu langer Achsübersetzungen, die sich, bis auf den 1835, auch bei allen Actros-Typen fortsetzt. Hohe Schalthäufigkeit, schlechte Fahrbarkeit und reduzierte Fahrleistungen stehen einem gelassenen, souveränen, nervenschonenden Fahren mit einer harmonischen, mehr auf Zugkraft ausgelegten Triebstrang-Auslegung im Wege. Als Beispiel sei vermerkt, daß die lastauto omnibus-Testrunde von dem 1853 LS der SK mit 62 Schaltungen, vom Actros 1853 dagegen mit 92 Schaltungen absolvierte wurde.
Besondere Mühe gaben sich die Untertürkheimer bei der Entwicklung der Bremsanlage. Scheibenbremsen an allen Achsen haben alle Actros-Straßenfahrzeuge und Betonmischer. Kipper in der 4 x 2 und 6 x 4 Konfiguration haben vorne Scheibenbremsen und hinten Trommelbremsen, Fahrzeuge mit Allradantrieb, Vierachser und Fahrzeuge mit 20 Zoll-Bereifung besitzen vorne und hinten Trommelbremsen.
Nun sind Scheibenbremsen für sich gesehen nicht gerade etwas Revolutionäres. Der Clou beim Actros ist die Verbindung der Scheibenbremsen mit der elektronischen Steuerung. Ein schnelles und vor allem ein fast gleichzeitiges Ansprechen der Bremsen auch bei unterschiedlichen Bremsen des Aufliegers und ein Pkw-ähnliches Bremsgefühl mit progressiv steigender Wirkung sind ein Verdienst der sauberen Abstimmung der Scheibenbremsen mit der elektronischen Steuerung, bei Mercedes-Benz Telligent-Bremssystem genannt.

Ein Actros 1840 mit verkleidetem Schmitz-Cargobull-Auflieger

Sie sichern dem Actros bis heute einen Vorsprung bei den Bremsen. Von Fachleuten wird die Bremsanlage auch im zweiten Jahr nach dem Erscheinen als das Nonplus Ultra im Vergleich mit anderen Herstellern wie DAF, MAN, Scania und Volvo bewertet. Bei den Baufahrzeugen ist das Telligent-Bremssystem gegen Aufpreis zu haben.

Ein wichtiger Gesichtspunkt bei der Neukonstruktion des Actros war die Gewichtseinsparung. So konnten am Rahmen 60 Kilogramm eingespart werden, die Hinterachskonstruktion mit dem Stabilenker spart 80 Kilogramm, und bei Bremsen und Auspuff kommen 20 Kilogramm zusammen.

Dies trifft auch für die am 1. September 1997 vorgestellten Baufahrzeuge zu. Bei ihnen wurde der schwere Doppelrahmen durch einen Monorahmen ersetzt, der je nach Einsatz in verschiedenen Stärken lieferbar ist. Parabelfedern lösen die schweren Trapezfederpakete an der Hinterachse ab. Wer sich für die angebotene Luftfederung beim Baustellenfahrzeug entscheidet, kann zwischen 120 und 150 Kilogramm sparen, nicht eingerechnet der nochmals verbesserte Fahrkomfort und die größere Schonung der Straßen.

Bei allen Actros wurde das Thema Luftfederung von Anfang an mit Vorrang behandelt. Die größere Spurbreite der Federbälge bringt größere Stabilität in das Feder- und Fahrverhalten, ein oft zurecht gerügter Mangel beim Vorgänger. Für die luftgefederten Zweiachs- und Dreiachs-Pritschenwagen und die Sattelzugmaschinen gibt es Varianten mit niedrigen Rahmen für Einsatzzwecke mit besonders großem Raumvolumen.

Beim Design des Actros wurde Abschied genommen von der bewußt zurückhaltenden Gestaltung des SK-Fahrerhauses. Bruno Sacco gab als Designchef Ende 1989 die Losung aus, daß der „Neue“, das Kunstwort Actros war noch nicht kreiert worden, über sein Aussehen die Kompetenz und die klare Zugehörigkeit zum Hersteller zeigen müsse. Es wurde Abschied genommen von der schräg gestellten Windschutzscheibe der SK (Ironie der Geschichte: Volvo entdeckt sie für seine 1994 vorgestellte FH-Baureihe wieder neu), der Primat gehörte der kubischen Grundform. Die Aerodynamiker hatten mühsame Pusselarbeit an den Radien der Kanten, am Dach, den Spoilern und Flaps zu leisten.

Actros 1843 – die stärkste Sattelzugmaschine mit V6-Motor

Vier unterschiedliche Fahrerhäuser stehen zur Wahl: Das Standard-Fahrerhaus – S-Fahrerhaus genannt – mit einer Länge von 1,70 Meter und Stehhöhe von 1,56 Meter, das mittellange Fahrerhaus – M-Fahrerhaus genannt – mit 1,95 Meter Länge bei gleicher Höhe, das lange Fahrerhaus – L-Fahrerhaus genannt – mit 2,20 Meter Länge und 1,92 Meter Stehhöhe und das Megaspace-Fahrerhaus, das über dieselben Grundmaße wie das lange Fahrerhaus verfügt, zusätzlich aber durch den Wegfall des Motortunnels einen ebenen Fahrerhausboden aufweist. Gelungen ist dieses Kunststück durch das Anheben des Fahrerhausbodens, der den 35 Zentimeter hohen Motortunnel der anderen Fahrerhäuser verschwinden läßt.
Nach der Kritik an der wenig wertig erscheinenden Farbgebung der Kunststoffoberflächen im Fahrerhaus und der dreigeteilten, ausziehbaren Liege wurde das Interieur zur IAA 1998 überarbeitet. Folgende Punkte wurden geändert: Als Standardausrüstung ist die untere Liege jetzt einteilig, die dreiteilige und ausziehbare Liege gibt es noch auf Wunsch. Die Stoffe für Sitze und die Seitenverkleidung der Türen wurden geändert, die Farben der Kunststoffoberflächen sind jetzt dunkler.
Neu sind Fächer über den Türen und in den Seitenwänden, Pompadour-Taschen in der Fahrerhausrückwand, eine verschließbare Rückwandanlage an der Fahrerhausrückwand sowie ein um 90 Grad drehbarer Beifahrersessel.

Die 18 Tonner Actros

Der 1831 wird von dem V6-Motor OM 501 LA in seiner schwächsten Einstellung mit 313 PS und 1530 Nm angetrieben. Zur Auswahl stehen die drei Fahrerhäuser S, M, und L.
Die Zweiachs-Pritschenwagen mit Parabelfederung gibt es mit sechs Radständen, mit Luftfederung stehen acht Radstände zur Verfügung. Mit Luftfederung und niederem Rahmen sind es dann immer noch zwei Radstände, zwischen denen gewählt werden kann. .
Die Kipper als 4 x 2 und 4 x 4 gibt es mit Blatt/Blattfederung mit zwei Radständen. Die Sattelzugmaschinen sind mit Parabel- oder Luftfederung mit zwei Radständen und luftgefedert mit niederem Rahmen mit einem Radstand erhältlich.
Der 1835 wird von dem V-6-Motor OM 501 LA mit 354 PS und 1730 Nm angetrieben. Zur Auswahl stehen die drei Fahrerhäuser S, M und L.
Die Zweiachs-Pritschenwagen mit Parabelfederung gibt es mit sechs Radständen, mit Luftfederung stehen acht Radstände zur Verfügung. Mit Luftfederung und niederem Radstand sind es dann immer noch zwei Radstände, die geordert werden können.
Die Kipper als 4 x 2 und 4 x 4 gibt es mit Blatt/Blattfederung mit einem Radstand.
Die Sattelzugmaschinen werden mit Parabel- oder Luftfederung mit zwei Radständen und luftgefedert mit niederem Rahmen mit einem Radstand angeboten.
Der 1840 wird von dem V6-Motor OM 501 LA mit 394 PS und 1850 Nm angetrieben. Zur Auswahl stehen bei den Fahrzeugen mit Parabelfederung die drei Fahrerhäuser S, M und L. Bei den luftgefederten Trucks für den Straßenverkehr ist ab dem 1840, hier einschränkend bei den Pritschenwagen erst ab 4800 Millimeter Radstand, auch das Megaspace-Fahrerhaus lieferbar.
Die Zweiachs-Pritschenwagen mit Parabelfederung gibt es mit drei Radständen, mit Luftfederung stehen fünf Radstände zur Verfügung. Mit Luftfederung und niederem Rahmen sind es dann immer noch zwei Radstände.
Der 1840 ist der stärkste Pritschenwagen, der mit niederem Rahmen geliefert wird.
Die Kipper als 4 x 2 und 4 x 4 gibt es mit Blatt/Blattfederung mit einem Radstand. Die Sattelzugmaschinen lassen sich mit Parabel- oder Luftfederung mit zwei Radständen und luftgefedert mit niederem Rahmen mit einem Radstand ausrüsten.
Der 1840 führt mit großem Abstand die Hitliste der meistverkauften Actros-Modelle an.
Der 1843 wird von dem V6-Motor OM 501 LA in der stärksten Ausführung mit 428 PS und 2000 Nm angetrieben. Zur Auswahl stehen bei den Fahrzeugen mit Parabelfederung die drei Fahrerhäuser S, M und L. Bei den luftgefederten Trucks für den Straßenverkehr ist, hier einschränkend bei den Pritschenwagen erst ab 4800 Millimeter Radstand, auch das Megaspace-Fahrerhaus zu haben.
Die Zweiachs-Pritschenwagen mit Parabelfederung gibt es mit zwei Radständen, mit Luftfederung stehen drei Radstände zur Verfügung. Die Kipper als 4 x 2 und 4 x 4 werden mit Blatt/Blattfederung mit einem Radstand angeboten.
Die Sattelzugmaschinen sind mit Parabel- oder Luftfederung mit zwei Radständen und als stärkstes Modell luftgefedert mit niederem Rahmen mit einem Radstand erhältlich.
Der 1843 liegt übrigens auf dem zweiten Platz der Hitliste der meistverkauften Actros.
Der 1848 wird von dem V8-Motor OM 502 LA in der schwächsten Ausführung mit 476 PS und 2300 Nm angetrieben und von Fachleuten aufgrund seines guten Preis-Leistungsverhältnisses als Geheimtip gehandelt. Zur Auswahl stehen bei den Fahrzeugen mit Parabelfederung die drei Fahrerhäuser S, M und L. Bei den luftgefe-

derten Trucks für den Straßenverkehr ist, hier wiederum einschränkend bei den Pritschenwagen erst ab 4800 Millimeter Radstand, auch das Megaspace-Fahrerhaus lieferbar.
Die Zweiachs-Pritschenwagen mit Parabelfederung gibt es mit einem Radstand, mit Luftfederung stehen drei Radstände zur Verfügung. Die Kipper 4 x 2 und 4 x 4 werden mit Blatt/Blattfederung mit einem Radstand offeriert, wobei der 1848 die stärkste Variante dieser Gattung ist. Die Sattelzugmaschinen gibt es mit Parabel- oder Luftfederung mit zwei Radständen.
Der 1853 wird von dem V8-Motor OM 502 LA mit 530 PS und 2400 Nm angetrieben. Zur Auswahl stehen bei den Fahrzeugen mit Parabelfederung die drei Fahrerhäuer S, M und L. Bei den luftgefederten Trucks ist auch das Megaspace-Fahrerhaus lieferbar. Er ist der stärkste Zweiachs-Pritschenwagen mit Parabelfederung, den es nur mit einem Radstand gibt, luftgefedert sind es zwei.
Die Sattelzugmaschinen gibt es mit Parabel- und Luftfederung mit zwei Radständen. Mit Parabelfederung ist der 1853 die stärkste Sattelzugmaschine.
Der 1857 wird von dem V8-Motor OM 502 LA in seiner stärksten Ausführung mit 571 PS und 2700 Nm angetrieben. Den 1857 bietet Mercedes als Topmodell nur luftgefedert und nur mit Megaspace-Fahrerhaus.
Als Zweiachs-Pritschenwagen gibt es den 1857 mit einem Radstand, als Sattelzugmaschine stehen zwei Radstände zur Wahl.

Die 20 Tonner Actros

Der 2031 4 x 2 hat den V6-Motor OM 501 LA mit 313 PS und 1530 Nm. Ihn gibt es mit einem Radstand.
Der 2031 4 x 4 steht als Kipper mit zwei Radständen und als Sattelzugmaschine mit einem Radstand in der Liste.
Der 2035 4 x 4 besitzt den V6-Motor OM 501 LA mit 354 PS und 1730 Nm. Ihn gibt es mit einem Radstand.
Der 2040 4 x 4 verfügt über den V-6-Motor OM 501 LA mit 394 PS und 1850 Nm. Er läßt sich mit je einem Radstand als Kipper und Sattelzugmaschine ordern.

Die 26 Tonner Actros

Die dreiachsigen 26 Tonner sind von ihrer Zweckbestimmung her für den gelegentlichen Einsatz auf Baustellen und im Gelände, primär aber für den Einsatz auf Stras-

Der Actros 1857 mit Megaspace-Fahrerhaus

sen vorgesehen und deshalb auch teilweise mit Luftfederung lieferbar.
Der 2631 6 x 4 hat den V-6-Motor OM 501 LA mit 313 PS und 1530 Nm. Ihn gibt es mit drei Radständen und als Betonmischerfahrgestell.
Der 2635 6 x 4 hat ebnefalls den V6-Motor OM 501 LA mit 354 PS und 1730 Nm. Er ist mit zwei Radständen und als Betonmischerfahrgestell lieferbar.
Der 2640 6 x 4 ist mit dem V6-Motor OM 501 LA mit 394 PS und 1850 Nm ausgestattet. Zwei Radstände, ein Radstand mit Luftfederung und Betonmischer-Fahrgestelle sind lieferbar
Der 2643 6 x 4 verfügt über den V6-Motor OM 501 LA mit 428 PS und 2000 Nm. Er wird mit zwei Radständen, luftgefedert mit einem Radstand angeboten.
Der 2648 6 x 4 besitzt den V8-Motor OM 502 LA mit 476 PS und 2300 Nm. Ihn bekommt man mit zwei Radständen und luftgefedert mit einem Radstand.
Der 2653 6 x 4 verfügt über den V8-Motor OM 502 LA mit 530 PS und 2400 Nm. Ihn gibt es mit zwei Radständen und luftgefedert mit einem Radstand.
Der 2657 6 x 4 hat als stärkstes Modell den V-8-Motor OM 502 LA mit 571 PS und 2700 Nm. Er läßt sich mit und ohne Luftfederung mit einem Radstand ordern.

Die 32 Tonner Actros

Die vierachsigen Actros der 32 Tonnen-Klasse sind für den Export in Länder mit Achslastbeschränkungen und für den teilweisen Einsatz im Gelände, primär aber für den schwerpunktmäßigen Einsatz im Straßenbetrieb vorgesehen. Deshalb gibt es auch in jeder Leistungsstufe ein Fahrgestell, das speziell für den Einsatz als Betonmischer vorgesehen ist.
Der 3231 8 x 4/4 besitzt den V6-Motor OM 501 LA mit 313 PS und 1530 Nm. Es gibt ihn mit einem Radstand und als Betonmischer-Fahrgestell.
Der 3235 8 x 4/4 hat den V6-Motor OM 501 LA mit 354 PS und 1730 Nm. Er ist mit zwei Radständen und als Betonmischer-Fahrgestell mit einem Radstand zu haben.
Der 3240 8 x 4/4 hat den V-6-Motor mit 394 PS und 1850 Nm. Es ist mit einem Radstand und als Betonmischer-Fahrgestell im Programm.
Der 3243 8 x 4/4 verfügt über den V-6-Motor OM 501 LA mit 428 PS und 2000 Nm. Es gibt ihn mit einem Radstand und als Betonmischer-Fahrgestell.

Der Actros 2643 – zuverlässiger Partner in allen Sparten des Mittelstands

Die 33 Tonner Actros

Die Dreiachser der 33 Tonnen-Klasse sind aufgrund ihrer Fahrgestell- und Federauslegung auch für den schweren Einsatz abseits befestigter Straßen ausgelegt. Ihre Rahmen und Federn nehmen deshalb gelegentliche Überladungen durchaus im wörtlichen Sinne nicht krumm.

Der 3331 6 x 4 hat den V6-Motor OM 501 LA mit 313 PS und 1530 Nm und stellt die unterste Motorisierungsgrenze dar. Es gibt ihn mit drei Radständen und als Betonmischer-Fahrgestell mit drei Radständen. Der 3335 6 x 4 verfügt über den V6-Motor OM 501 LA mit 354 PS und 1730 Nm. Er ist mit drei Radständen und als Betonmischer-Fahrgestell mit zwei Radständen ausgestattet.

Der 3340 6 x 4 besitzt den V6-Motor OM 501 LA mit 394 PS und 1800 Nm. Es gibt ihn mit drei Radständen und als Betonmischer-Fahrgestell mit zwei Radständen.

Der 3343 6 x 4 ist mit einem V6-Motor OM 501 LA mit 428 PS und 2000 Nm und mit zwei Radständen lieferbar.

Der 3348 6 x 4 hat den V8-Motor OM 502 LA mit 476 PS und 2400 Nm. Es gibt ihn mit zwei Radständen.

Ergänzt werden die schweren Dreiachser in der 33 Tonnen-Klasse für besonders schwierige Gelände- und Strasseneinsätze durch die Allradfahrzeuge nach dem 6 x 6-Prinzip.

Für diese schweren Einsätze sind auch fünf Sattelzugmaschinen 6 x 6 im Programm.

Der 3331 6 x 6 wird durch den V6-Motor OM 501 LA mit 313 PS und 1530 Nm angetrieben. Es gibt ihn als Kipper mit vier Radständen und als Sattelzugmaschine mit einem Radstand.

Der 3340 6 x 6 hat den V-6-Motor OM 501 LA mit 394 PS und 1800 Nm. Er steht als Kipper mit vier Radständen und als Sattelzugmaschine mit einem Radstand in der Liste.

Der 3343 6 x 6 hat den V6-Motor OM 501 LA mit 428 PS und 2000 Nm. Angeboten wird er als Kipper mit zwei Radständen und als Sattelzugmaschine mit einem Radstand.

Im 3348 6 x 6 ist der V8-Motor OM 502 LA mit 476 PS und 2300 Nm eingebaut. Er ist als Kipper und als Sattelzugmaschine mit einem Radstand lieferbar.

Der 3353 6 x 6 hat den V8-Motor mit 530 PS und 2400 Nm. Er wird nur als Sattelzugmaschine mit einem Radstand geliefert.

Die 41 Tonner Actros

Die 41 Tonner sind die zur Zeit schwersten Fahrzeuge aus dem Actos-Programm und werden nur als Vierachser geliefert. Innerhalb dieser Gewichtsklasse werden je nach Schwerpunkteinsatz drei Antriebskonzepte angeboten mit zwei (8 x 4/4), drei (8 x 6/4) und vier angetriebenen Achsen (8 x 8/4).

Der 4140 8 x 4/4 hat den V6-Motor OM 501 LA mit 394 PS und 1850 Nm. Es gibt ihn mit drei Radständen.

Der 4143 8 x 4/4 besitzt den V6-Motor OM 501 LA mit 428 PS und 2000 Nm. Er ist mit zwei Radständen erhältlich.

Der 4148 8 x 4/4 hat den V8-Motor OM 502 LA mit 476 PS und 2300 Nm. Es gibt ihn mit zwei Radständen.

Der 4140 8 x 6/4 ist mit dem V6-Motor OM 501 LA mit 394 PS und 2000 Nm bestückt, ein Radstand ist lieferbar.

Der 4143 8 x 6/4 hat den V6-Motor OM 501 LA mit 428 PS und 2000 Nm. Es ist mit einem Radstand zu ordern.

Der 4148 8 x 6/4 verfügt über den V8-Motor OM 502 LA mit 476 PS und 2300 Nm. Es gibt ihn mit einem Radstand.

Der 4140 8 x 8/4 hat den V6-Motor OM 501 LA mit 394 PS und 1850 Nm. Er wird mit einem Radstand produziert.

Der 4143 8 x 8/4 besitzt den V6-Motor OM 501 LA mit 428 PS und 2000 Nm. Es gibt ihn mit einem Radstand.

Der 4148 8 x 8/4 ist mit dem V8-Motor OM 502 LA mit 476 PS und 2300 Nm lieferbar. Es gibt ihn mit einem Radstand.